国家林业和草原局普通高等教育"十三五"规划教材

# 土壤学实验指导教程

## （第2版）

胡慧蓉　王艳霞　主编

中国林业出版社
China Forestry Publishing House

## 内 容 提 要

《土壤学实验指导教程》（第2版）是国家林业和草原局普通高等教育"十三五"规划教材。全书包含了土壤基本调查、土壤物理性质、土壤化学性质、土壤酶与土壤微生物生物量、土壤重金属与有效态微量元素等实验室分析项目的测定方法，本书基于土壤学实验教学中的需要，除系统介绍常规土壤学实验课的目的、要求等内容外，增加了方法选择、实验结果记录、实验结果分析、思考题等新内容，并在附录中给出土壤学理论与实践中常用知识参考，供读者查阅。同时，为配合新形势下信息化教学的需要，配套了PPT简要文件。

本教程适用于西南地区高等农林院校农学、林学、水土保持与荒漠化防治、土地资源管理、环境科学、园林等专业的本科及高职高专学生使用，也可供全国生产一线有关科技人员参考使用。

### 图书在版编目（CIP）数据

土壤学实验指导教程（第2版）/胡慧蓉，王艳霞主编. —北京：中国林业出版社，2020.10
（2024.12重印）
ISBN 978-7-5219-0759-9

Ⅰ.①土… Ⅱ.①胡… ②王… Ⅲ.①土壤学－实验－高等学校－教材 Ⅳ.①S15-13

中国版本图书馆CIP数据核字（2020）第166157号

---

**中国林业出版社教育分社**

| 策划编辑：肖基浒 | 责任编辑：洪 蓉 肖基浒 |
| --- | --- |
| 电 话：(010) 83143555 | 传 真：(010) 83143516 |

| 出版发行 | 中国林业出版社（100009 北京市西城区刘海胡同7号） |
| --- | --- |
| | E-mail:jiaocaipublic@163.com 电话：(010)83143500 |
| | 网址：https://www.cfph.net |
| 经　销 | 新华书店 |
| 印　刷 | 三河市祥达印刷包装有限公司 |
| 版　次 | 2012年3月第1版（共印4次） |
| | 2020年10月第2版 |
| 印　次 | 2024年12月第4次印刷 |
| 开　本 | 850mm×1168mm 1/16 |
| 印　张 | 9.25 |
| 字　数 | 220千字 |
| 定　价 | 30.00元 |

未经许可，不得以任何方式复制或抄袭本书之部分或全部内容。

**版权所有　侵权必究**

# 《土壤学实验指导教程》（第 2 版）编写人员

**主　　编**　胡慧蓉　王艳霞

**副 主 编**　陆　梅

**编写人员**（按姓氏拼音排序）

　　　　　　胡兵辉（西南林业大学）

　　　　　　胡慧蓉（西南林业大学）

　　　　　　陆　梅（西南林业大学）

　　　　　　潘　澜（华南农业大学）

　　　　　　苏小娟（西南林业大学）

　　　　　　危　锋（西南林业大学）

　　　　　　王艳霞（西南林业大学）

# 《土壤学实验指导教程》(第1版)
# 编写人员

**主　　编**　胡慧蓉　田　昆
**副 主 编**　王艳霞　陆　梅
**编写人员**　（按姓氏笔画排序）
　　　　　　贝荣塔　王艳霞　田　昆
　　　　　　卢　怡　危　锋　陆　梅
　　　　　　胡兵辉　胡慧蓉　脱云飞

# 第2版前言

本教材是在胡慧蓉、田昆主编的《土壤学实验指导教程》(第1版)基础上所做的修订,是国家林业和草原局普通高等教育"十三五"规划教材。本教材的编写本着继承与创新的原则,一方面尽量保持了第1版的内容与特色,另一方面注重现阶段土壤学发展过程中新内容、新技术的实验室应用体现,力求更好地满足土壤学研究发展的需求,整体提升教材水平,提高学生的实验实践能力。

本次修订过程,对第1版中每个实验内容都有不同程度的完善与修正,同时推陈出新,删除了"土粒密度的测定"内容,增补了土壤微生物生物量测定、土壤重金属及有效态微量元素测定等内容。全书共28个实验内容及9个附录。其中,实验一至实验三、实验六、实验十、实验十一、附录由胡慧蓉编写;实验四、实验五由潘澜、苏小娟编写;实验七至实验九由胡兵辉编写;实验十二、实验二十一、实验二十二由危锋编写;实验十三至实验十六由潘澜、陆梅编写,陆梅负责整理;实验十七至实验二十由苏小娟编写;实验二十三至实验二十八由王艳霞编写。全书由陆梅、王艳霞、胡慧蓉负责统稿、补充、修正。

本教材在编写过程中得到西南林业大学生态与环境学院领导的大力支持和帮助,在此表示诚挚的谢意。

近年来,土壤学研究成果丰硕,相关的实验内容、方法与手段等不断发展,由于编者学识有限,书中难免疏漏或不妥之处,恳请使用本教程的广大师生与读者提供宝贵的批评意见。

编 者
2020年6月于昆明

# 第1版前言

本书是为了满足土壤学研究发展的需要而编写的，适用于林学、农学、环境科学等专业土壤学实验教学与科研工作。全书共24个实验内容10个附录，内容紧紧围绕土壤学教学与研究工作人才培养的需要，设置了主要造岩矿物与成土岩石的识别、土壤剖面调查与样品采集、土壤物理性质测定、土壤化学性质测定、土壤酶的测定、常用土壤肥料的识别等基本而常用内容，在常规土壤实验工作的基础上，新增了土壤学发展的最新研究实验项目。

本书由胡慧蓉、田昆担任主编，王艳霞、陆梅为副主编。参加编写的人员分工如下：实验一至实验三、附录5~10由胡慧蓉负责编写；实验四至实验六、实验十六、实验十七由贝荣塔负责编写；实验七至实验九由胡兵辉负责编写；实验十、实验十一由脱云飞负责编写；实验十二、实验十八、实验十九由危锋负责编写；实验十三至实验十五由陆梅负责编写；实验二十至实验二十四由王艳霞负责编写；附录1~4由卢怡负责编写。全书由胡慧蓉、田昆、王艳霞、陆梅负责统稿。

感谢云南省精品课程《土壤学》建设项目为本教程的编写和出版提供了条件与经费资助。感谢西南林业大学在教育部"水土保持与荒漠化防治第一类特色专业建设"、云南省高等教育教学改革研究课题"环境生态类本科专业实践教学改革研究"、云南省"水土保持与荒漠化防治实验教学示范中心"、云南省"水土保持与荒漠化防治重点专业"、云南省"水土保持与荒漠化防治教学团队"等项目对本教程出版的资助。教程编写过程中得到西南林业大学环境科学与工程学院领导的大力支持和帮助，在此表示诚挚的谢意。

土壤学研究成果显著，土壤学相关实验的方法、手段等也发展迅猛，由于编者学识有限，书中难免存在不妥之处，恳请使用本书的广大读者提出宝贵意见和建议。

编 者
2011年12月于昆明

# 目 录

第 2 版前言

第 1 版前言

实验一　主要造岩矿物识别 …………………………………………………………（1）

实验二　主要成土岩石的识别 …………………………………………………………（6）

实验三　土壤剖面调查与观测 …………………………………………………………（11）

实验四　土壤样品的采集 ………………………………………………………………（16）

实验五　土壤样品的处理与贮存 ………………………………………………………（19）

实验六　土壤水分的测定 ………………………………………………………………（21）

实验七　土水势的测定 …………………………………………………………………（25）

实验八　土壤密度（土壤容重）的测定与孔隙度计算 ………………………………（29）

实验九　土壤饱和持水量、毛管持水量及田间持水量的测定 ………………………（32）

实验十　土壤机械组成分析与质地确定 ………………………………………………（36）

实验十一　土壤大团聚体组成的测定 …………………………………………………（42）

实验十二　土壤有机碳分析与有机质换算 ……………………………………………（46）

实验十三　土壤酶活性的测定 …………………………………………………………（50）

实验十四　土壤微生物碳、氮的测定 …………………………………………………（61）

实验十五　土壤 pH 值的测定 …………………………………………………………（66）

实验十六　石灰需要量的测定 …………………………………………………………（69）

实验十七　土壤全氮的测定 ……………………………………………………………（72）

实验十八　土壤水解性氮的测定 ………………………………………………………（78）

实验十九　土壤铵态氮的测定 …………………………………………………………（83）

实验二十　土壤硝态氮的测定 …………………………………………………………（89）

实验二十一　土壤全磷的测定 …………………………………………………………（95）

实验二十二　土壤有效磷的测定 ………………………………………………………（99）

实验二十三　土壤全钾的测定 …………………………………………………………（103）

实验二十四　土壤速效钾的测定 …………………………………………………………（107）
实验二十五　有机肥料样品的采集、制备以及水分测定 ………………………………（110）
实验二十六　无机肥料的定性鉴定 ………………………………………………………（114）
实验二十七　土壤全量重金属元素的测定 ………………………………………………（117）
实验二十八　土壤有效态微量元素的测定（DTPA 浸提法）……………………………（123）

**参考文献** ………………………………………………………………………………………（129）
**附　录** …………………………………………………………………………………………（131）
　　附录1　常用元素的相对原子质量表 …………………………………………………（131）
　　附录2　土壤学中常用法定计量单位的表达式 ………………………………………（132）
　　附录3　常用浓酸碱的密度和浓度 ……………………………………………………（133）
　　附录4　常用基准试剂的处理方法 ……………………………………………………（133）
　　附录5　标准酸碱溶液的配制和标定方法 ……………………………………………（133）
　　附录6　筛孔和筛号对照 ………………………………………………………………（136）
　　附录7　几种洗涤液的配制 ……………………………………………………………（136）
　　附录8　实验室临时应急措施 …………………………………………………………（137）
　　附录9　药品的存放与特殊试剂的保存 ………………………………………………（137）

# 实验一　主要造岩矿物识别

## 一、目的意义

矿物是地壳中的化学元素在地质作用下形成的，具有一定化学成分和物理性质的天然物体，是组成岩石的基本单元，也是土壤固体颗粒的主要构成体。通过对矿物形态、物理性质的认识，初步学习鉴定矿物的一般方法，为进一步学习岩石与土壤奠定基础。

## 二、方法原理

以肉眼观察、定性描述的方式，借助放大镜、条痕板、小刀、莫氏硬度计、小锤、稀盐酸等工具与化学药剂，对常见造岩矿物的形态、光学性质、力学性质等进行观察识别。

## 三、实验器材

1. 工具与化学试剂

放大镜、白瓷板、稀盐酸、小刀、小锤等。

2. 实验标本

石英、正长石、斜长石、白云母、角闪石、辉石、方解石、石膏、高岭土、赤铁矿、褐铁矿、滑石等常见矿物标本。

## 四、操作步骤

根据指导教师的讲解和示范，观察矿物标本的各项性质并记载。

(1) 按矿物的晶体形态、颜色、条痕、光泽、透明度、硬度、解理与断口、密度，以及其他性质的顺序对各类标本进行观察，结果记录于矿物识别表中。

(2) 综合对比不同矿物的性质特征，按相似矿物归类并确定每种矿物的特有鉴定特征。

(3) 选择 6 种矿物进行详细观察并完成相关鉴定表格。

## 五、观察内容

1. 矿物晶体形态

分单体形态和集合体形态(表1-1)。

表 1-1　常见矿物的晶体形态

| 单体形态 | 矿物实例 | 集合体形态 | 矿物实例 |
| --- | --- | --- | --- |
| 柱状、针状 | 石英、黄玉、绿柱石 | 结核状、鲕状 | 磷灰石、赤铁矿、铝土矿 |
| 纤维状、放射状 | 石棉、石膏、蛇纹石、菊花石 | 晶族、晶腺 | 石英、方解石、氟石、玛瑙 |
| 板状、片状 | 重晶石、斜长石、石膏、云母 | 钟乳状、葡萄状 | 钟乳石、孔雀石、硬锰矿 |
| 粒状、立方体 | 橄榄石、石榴子石、黄铁矿 | 土状、致密状 | 高岭石、蛇纹石、黄铜矿 |

## 2. 颜色

按矿物呈色的成因分自色、它色和假色。

(1)自色：矿物自身固有的，由化学成分与结构所产生的颜色，如孔雀石的翠绿色。

(2)它色：矿物所含杂质引起的颜色，如含氧化铁的石英呈粉红色(蔷薇石英)，无鉴定意义。

(3)假色：矿物因氧化膜或裂隙造成的颜色。前者称锖色(斑铜矿)，后者称晕色(方解石)，无鉴定意义。

矿物颜色的观察应在太阳光下对矿物的新鲜表面进行，并常用两种标准色来描述，主色在后。如褐红色，以红色为主，带有褐色(表1-2、表1-3)。

表1-2 矿物颜色的标准色

| 颜色 | 红色 | 橙色 | 黄色 | 绿色 | 蓝色 | 紫色 | 褐色 | 黑色 | 灰色 | 白色 |
|---|---|---|---|---|---|---|---|---|---|---|
| 矿物 | 辰砂 | 铬酸铅矿 | 雌黄 | 孔雀石 | 蓝铜矿 | 紫水晶 | 褐铁矿 | 黑色电气石 | 铝土矿 | 斜长石 |

表1-3 成色离子颜色表

| 离子 | $Ti^{4+}$ | $V^{3+}$ | $Cr^{3+}$ | $Mn^{4+}$ | $Mn^{2+}$ | $Fe^{2+}$ | $Fe^{3+}$ | $Cu^+$ | $Cu^{2+}$ |
|---|---|---|---|---|---|---|---|---|---|
| 颜色 | 褐红色 | 橄榄绿色 | 红色 | 黑色 | 紫色 | 黑色 | 樱红色 | 深红色 | 蓝色 | 绿色 |
| 矿物 | 石榴子石 | 辉石 | 刚玉 | 软锰矿 | 菱锰矿 | 磁铁矿 | 赤铁矿 | 赤铜矿 | 蓝铜矿 | 孔雀石 |

## 3. 条痕

矿物粉末的颜色，用矿物在白瓷板上轻擦得到的条痕颜色。

条痕可消除假色，减弱它色而显示自色，但浅色矿物的条痕均为近白色而鉴定意义不大。

## 4. 光泽

矿物表面对可见光反射的能力。

(1)通常在晶面或解理面上观察时，按反光的强弱可分：

金属光泽：方铅矿、黄铜矿等，反光极强，金属矿物常有。

半金属光泽：镜铁矿、黑钨矿等，反光较强，如未经磨光的金属表面。

非金属光泽：金刚石、石英等非金属矿物，无金属感，又分金刚光泽、玻璃光泽。

(2)矿物因集合方式、断口等原因造成特殊光泽，又称变异光泽，常见的有：

油脂光泽：石英(断口)。

珍珠光泽：云母(极完全解理)。

丝绢光泽：纤维石膏(集合体)。

土状光泽：高岭石(土状集合体)。

## 5. 透明度

矿物透光的能力，肉眼鉴定时，以矿物边缘的透光能力为标准进行分级。

(1)透明：透过矿物碎片边缘可清晰地看到后面的物体轮廓，如水晶、萤石。

(2)半透明：透过矿物碎片边缘能模糊看到后面的物体轮廓，如方解石、石英。

(3)不透明：透过矿物碎片边缘不能看到后面的物体，如石墨、磁铁矿。

## 6. 硬度

矿物抵抗外力(如摩擦、刻划、压入)的能力,具较大鉴定意义。

鉴定矿物的硬度,常以两种不同矿物互相刻划,以确定其相对硬度,硬度小的矿物可被硬度大的矿物所刻划。以摩氏硬度计作为标准矿物,可得到未知矿物的相对硬度大小(并非矿物硬度的绝对倍数差异),石英硬度约为滑石的3 500倍,金刚石硬度约为石英的1 150倍。但野外工作中,常借助简易工具替代摩氏硬度计,指甲2~2.5,铜具3左右,玻璃片5左右,小刀5~5.5,钢锉6~7。

一般地,自然界常见矿物硬度很少大于7(石英)(表1-4)。野外为方便工作,常将矿物按硬度大小分软、中、硬3级:硬度小于指甲为软;硬度介于指甲与小刀间为中;硬度大于小刀为硬。

表1-4 矿物硬度等级

| 硬度等级 | 1 | 2 | 3 | 4 | 5 | 6 | 7 | 8 | 9 | 10 |
| --- | --- | --- | --- | --- | --- | --- | --- | --- | --- | --- |
| 矿物 | 滑石 | 石膏 | 方解石 | 萤石 | 磷灰石 | 正长石 | 石英 | 黄玉 | 刚玉 | 金刚石 |

矿物的集合方式、杂质和风化等情况对硬度有影响,因此硬度应在矿物新鲜晶面、解理面或断口面上进行测试。测试时如用刀具刻划(不能用力过大),如在矿物表面留下划痕,并落下粉末,则表明矿物的硬度小于小刀。

## 7. 解理与断口

由矿物晶体内部构造决定的抗外力敲打性能,是鉴定矿物的重要特征。

矿物因受打击而断裂,断裂面光滑平整的性质称解理,光滑面称解理面;断裂面无方向性凸凹不平,称断口。解理与断口是一对矛盾体,有此消彼长的关系。

(1)解理分组:依解理方向不同,有单向解理(云母)、两向解理(长石)、三向解理(方解石)。

(2)解理分级:按解理难易和解理面发育程度分级。

极完全解理:解理面大而极光滑,可裂成薄片状,几乎无断口,如云母。

完全解理:解理面光滑,可裂成小块,很难发生断口,如方解石。

中等解理:解理面小而不光滑,不完整小块,较易发生断口,如长石。

不完全解理:很难发生解理,碎块上可见粗糙解理面,容易出现断口,如磷灰石。

无解理:矿物破裂后形成各式断口,解理不可见,如石英。

(3)常见断口性状:贝壳状(石英、燧石)、锯齿状(自然铜)、参差状(角闪石)、平坦状(磁铁矿)。

## 8. 密度

纯净单矿物的密度与同体积水的密度之比,实为相对密度。矿物密度可分为3个等级:

(1)重密度:相对密度>4,又称重矿物,如重晶石。

(2)中等密度:相对密度2.5~4,如方解石,大多数矿物属此。

(3)轻密度:相对密度<2.5,称轻矿物,如自然硫、石膏。

精确测定矿物密度需要专门实验仪器,一般常采用手估法,以相近体积矿物粗略估计。

9. **其他性质**

磁性、电性、韧性、发光性、放射性、易燃性、化学反应等。

## 六、结果记录

将实验观察到的结果记录于表1-5。

**表1-5 矿物观察识别表**

| 矿物名称 | 化学式 | 形态 | 颜色 | 条痕 | 光泽 | 透明度 | 硬度 | 解理或断口 | 其他性质 |
|---|---|---|---|---|---|---|---|---|---|
|  |  |  |  |  |  |  |  |  |  |
|  |  |  |  |  |  |  |  |  |  |
|  |  |  |  |  |  |  |  |  |  |
|  |  |  |  |  |  |  |  |  |  |
|  |  |  |  |  |  |  |  |  |  |

## 七、思考题

（1）常用鉴定矿物的性质有哪些？

（2）观察矿物的自色、它色、假色。

（3）区别相似矿物：石英、方解石、斜长石（从成分、形态、硬度、解理、碳酸反应方面进行区别）。

（4）区别相似矿物：赤铁矿、褐铁矿（从成分、颜色、条痕、光泽、密度方面进行区别）。

（5）区别相似矿物：角闪石、辉石（从成分、形态、颜色方面进行区别）。

（6）区别相似矿物：正长石、斜长石（从成分、形态、颜色方面进行区别）。

（7）列举用以鉴定矿物的其他性质及其相应矿物。

附：各种矿物的性质和风化特点

| 名称\特征 | 化学成分 | 形状 | 颜色 | 条痕 | 光泽 | 硬度 | 解理 | 断口 | 其他 | 风化特点与分解产物 |
|---|---|---|---|---|---|---|---|---|---|---|
| 石英 | $SiO_2$ | 六方柱块状 | 无色白色 | | 玻璃油脂 | 7 | 无 | 贝壳状 | 晶面上有条纹 | 难风化分解，土壤砂粒的主要来源 |
| 正长石 | $K[AlSi_3O_8]$ | 板状柱状 | 肉红为主 | 白色 | 玻璃 | 6 | 二向完全 | | 解理面珍珠光泽 | 正长石较难风化，风化过程中最易变化为高岭石，是土壤钾的来源之一 |
| 斜长石 | $Na[AlSi_3O_8] \cdot Ca[Al_2Si_2O_8]$ | 板状聚片双晶 | 灰白为主 | | | 6~6.5 | | | 半透明性脆 | |
| 白云母 | $K\{Al_2[AlSi_3O_{10}](OH,F)_2\}$ | 片状板状 | 无色 | 白 | 玻璃珍珠 | 2~3 | 一向极完全 | | 鳞片有弹性 | 白云母较难风化，土壤钾、黏粒来源之一 |
| 黑云母 | $K(Mg,Fe^{2+})_3(Al,Fe^{3+})Si_3O_{10}(OH,F)_2 \cdot (Mg,Fe^{2+},Al)_3(Si,Al)_4O_{10}(OH)_2 \cdot 4H_2O$ | | 黑褐 | 浅绿 | | | | | | |
| 角闪石 | $Ca_2[(Mg,Fe^{2+})_4Al](Si_7Al)O_{22}(OH)_2$ | 柱状 | 暗绿褐色 | | 玻璃珍珠 | 5~6 | 二向完全 | | 性脆 | 易风化形成含水氧化铁、硅及黏粒并释放大量钙、镁等元素 |
| 辉石 | $(Ca,Na)(Mg,Fe,Al,Ti)(Si,Al)_2O_6$ | 短柱状 | 黑色绿黑 | | 玻璃树脂 | 5.5~6 | 二向中等 | 不平坦状贝壳状 | | |
| 橄榄石 | $(Mg,Fe^{2+})_2SiO_4$ | 粒状 | 草绿 | | 玻璃油脂 | 6.5~7 | 不完全 | 贝壳状 | | 易风化形成褐铁矿、二氧化硅及蛇纹石等 |
| 方解石 | $CaCO_3$ | 菱面体 | 白色灰黄 | | 玻璃 | 3 | 三向完全 | | 盐酸反应强 | 易化学风化，土壤碳酸钙、镁的重要来源 |
| 白云石 | $CaMg(CO_3)_2$ | 马鞍状 | | | | 3.5~4 | | | 盐酸反应弱 | |
| 磷灰石 | $Ca_5(PO_4)_3(OH,F)$ | 六方柱块状 | 绿黑、褐黄灰 | | 玻璃油脂 | 5 | 不完全 | 参差状贝壳状 | | 风化后是土壤中磷素营养的主要来源 |
| 石膏 | $CaSO_4 \cdot 2H_2O$ | 板状针状 | 无色白色 | | 玻璃绢丝 | 2 | 完全 | | | 易风化，溶解后为土壤中硫的主要来源 |
| 赤铁矿 | $Fe_2O_3$ | 块状鲕状 | 暗红至铁黑 | 樱红 | 半金属土状 | 5.5~6 | 无 | | 密度大 | 易氧化，热带土壤中最为常见 |
| 褐铁矿 | $Fe_2O_3 \cdot nH_2O$ | 块状土状 | 褐色黄色 | 棕黄 | 土状 | 4~5 | | | 密度小 | 其分布与赤铁矿同 |
| 磁铁矿 | $Fe^{2+}Fe_2^{3+}O_4$ | 八面体块状 | 铁黑 | 黑 | 金属 | 5.5~6 | 无 | | 磁性 | 难风化，可氧化成赤铁矿和褐铁矿 |
| 黄铁矿 | $FeS_2$ | 立方体块状 | 铜黄 | 绿黑 | 金属 | 6~6.5 | 无 | | 晶面有条纹 | 风化形成硫酸盐，为土壤中硫的主要来源 |
| 蛋白石 | $SiO_2 \cdot nH_2O$ | 非晶体 | 无色蛋白色 | | 玻璃油脂 | 5~5.5 | | 贝壳状 | 半透明蛋白光 | 脱水后变为石英 |
| 高岭石 | $Al_2[Si_2O_5](OH)_4$ | 土块状 | 白色灰色 | 白、黄 | 土状 | | 无 | | 油腻感 | 长石、云母风化形成的土壤黏粒矿物 |

# 实验二  主要成土岩石的识别

## 一、目的意义

岩石是自然界矿物以一定规律组合而成的集合体,具一定的矿物组成与形成环境,其风化产物是形成土壤的物质基础——母质。通过对各类岩石的识别,了解各种岩石的矿物组成及其与岩石特征的关系,初步掌握岩石的一般鉴别方法,为进一步认识土壤及其物质组成奠定基础。

## 二、方法原理

以肉眼观察、定性描述的方式,借助放大镜、小刀、小锤、稀盐酸等工具,对各类岩石标本的矿物组成、颜色、结构、构造等进行观察识别并依据这些特征进行定名。

## 三、实验器材

1. 实验用具与化学试剂

放大镜、小刀、白瓷板、稀盐酸。

2. 实验标本

(1)岩浆岩:橄榄岩、辉岩、辉绿岩、闪长岩、闪长玢岩、玄武岩、花岗岩、正长岩、流纹岩、粗面岩。

(2)沉积岩:砾岩、石英砂岩、长石砂岩、泥岩、石灰岩。

(3)变质岩:片麻岩、石英片岩、千枚岩、板岩、大理岩、石英岩等。

## 四、操作步骤

岩石按成因分为3类,即岩浆岩、沉积岩、变质岩。根据指导教师的讲解和示范,观察岩石标本的各项特征并记载,最后完成实验鉴定表。

(1)岩浆岩:综合岩石的矿物成分、结构、构造,对照岩浆岩分类简表确定岩石的名称。

(2)沉积岩:以岩石的矿物成分、结构为主,结合构造,对照沉积岩分类简表确定岩石名称。

(3)变质岩:从岩石的构造特征入手,结合矿物成分和结构,查变质岩分类简表确定岩石名称。

## 五、观察内容

1. 岩浆岩

由岩浆冷凝而成的岩石。因岩浆在地表以下(深度)冷凝的环境条件(温度、压力等)

不同，赋予岩石不同的矿物组成、结构、构造。

(1)矿物成分：岩浆岩的主要矿物有石英、正长石、斜长石、云母、角闪石、辉石、橄榄石7种。依岩石中含量分为主要矿物、次要矿物、副矿物3类，主要矿物常用来确定岩石名称。

(2)结构：岩石中矿物的结晶程度、晶粒大小与形状及颗粒间的相互关系所反映的特征。

岩浆于地下深处冷凝成岩，矿物常具有结晶现象；矿物结晶时的温度、深度、冷却速度及结晶的先后顺序决定了岩石的结构。岩浆冷凝于近地表，矿物晶体大小不等，或晶体细小；岩浆若喷出地表后冷凝成岩，则岩浆冷凝太快不能结晶而呈玻璃质。

结晶粒状：岩石中矿物全部结晶或部分结晶，晶体大小基本一致。

结晶斑状：岩石中矿物晶体大小悬殊，较大的颗粒称斑晶，斑晶间的物质称基质。

隐晶质(致密)：晶粒细小，颗粒需显微镜才能辨别，岩石呈致密状。

玻璃质(非结晶质)：矿物无结晶，全部为玻璃质。

(3)构造：组成岩石的矿物集合体的形状、大小、排列和空间分布等所反映的岩石特征。

块状：矿物排列无方向性，无任何特殊形状的均匀块体，为最常见构造。

流纹：因熔浆流动，不同颜色不同成分的隐晶质、玻璃质或气孔拉长呈定向排列，所表现出来的一种流动构造。

气孔：熔浆喷出地表，压力骤减，大量气体从中迅速逸出而形成的圆状孔洞。

杏仁：岩石中的气孔被后成的矿物质(方解石、石英、玛瑙等)填充，形似杏仁。

(4)岩浆岩分类表：主要岩浆岩见表2-1。

表2-1 主要岩浆岩分类简表

| 岩类和岩石中 $SiO_2$ 含量(%) | | | 超基性<45 | 基性45~52 | 中性52~65 | 酸性>65 | 碱性52~65 |
| --- | --- | --- | --- | --- | --- | --- | --- |
| 产状 | 结构 | 主要矿物构造 | 橄榄石、辉石 | 辉石、斜长石 | 角闪石、斜长石、黑云母 | 石英、钾长石、斜长石 | 钾长石、黑云母、斜长石 |
| 喷出岩 | 玻璃质 | 气孔、杏仁 | 金伯利岩 | 玄武岩 | 安山岩 | 流纹岩 | 粗面岩 |
| 浅成岩 | 伟晶、细晶 | 块状 | 苦橄玢岩 | 辉绿岩 | 闪长玢岩 | 花岗斑岩 | 正长斑岩 |
| 深成岩 | 中粗粒状 | 块状 | 橄榄岩 | 辉长岩 | 闪长岩 | 花岗岩 | 正长岩 |

注：根据"国家岩矿化石标本资源共享平台"，岩浆岩划分为：超基性岩和超镁铁岩、基性岩、中性岩、酸性岩、岩脉、火山碎屑岩、陨石等七类，粗面岩归类酸性岩、正长岩归类中性岩。

2. 沉积岩

沉积岩是先成岩石经风化、搬运、沉积而成的岩石。随岩石沉积环境(海、陆等)的不同，使岩石具有了相应的结构与构造，其次生矿物与化石的出现成为重要的鉴定特征之一。

(1)矿物成分：沉积岩的矿物成分较复杂，具有新形成的次生黏土矿物，按性质可分3类。

碎屑矿物：抗风化力较强的矿物碎屑，如石英、长石、白云母等。

黏土矿物：矿物分解产生的次生矿物，如高岭土、蒙脱石、伊利石等。

化学与生物成因矿物：经化学或生物作用形成的矿物，如方解石、石膏、煤等。

(2)结构：沉积岩的矿物组成、形状、大小等，是沉积岩岩石分类的重要依据，常分4类，见表2-2。

表2-2  沉积岩碎屑结构与相应岩石

| 项目 | 粒径(mm) | | | |
|---|---|---|---|---|
| | >2 | 2~0.05 | 0.05~0.005 | <0.005 |
| 碎屑结构 | 砾状结构 | 砂质结构 | 粉砂结构 | 泥质结构 |
| 代表性岩石 | 砾岩、角砾岩 | 砂岩 | 粉砂岩 | 泥岩(黏土岩) |

碎屑结构：矿物碎屑经胶结物胶结成岩所具有的结构。

化学结构：由溶解物质或胶体物质经化学结晶沉淀形成的岩石结构。

生物结构：岩石中含有大量生物遗骸的岩石结构。

(3)构造：沉积岩各种物质成分形成的特有空间排列方式，是沉积岩野外识别的重要特征。

层理构造：沉积岩中的物质、颜色、颗粒大小等沿垂直方向呈层次变化的现象。有厚薄之分，是沉积岩的宏观特征，手持标本很难全面反映。

层面构造：层理面上保留的自然痕迹，反映岩层沉积时的地理环境。常见化石、波痕、干裂、足迹、结核等。

(4)沉积岩分类：见表2-3。

表2-3  主要沉积岩分类简表

| 岩类 | 碎屑岩 | | | 黏土质 | 化学岩、生物化学岩 | |
|---|---|---|---|---|---|---|
| 结构 | 砾状 | 砂质 | 粉砂 | 泥质 | 化学 | 生物化学 |
| 主要物质成分 | 岩石碎屑 | 石英、长石、云母 | 石英、长石、黏土 | 黏土、石英 | 方解石、白云石 | 硫酸盐、碳、有机物 |
| 主要岩石 | 砾岩、角砾岩 | 砾岩、砂岩 | 粉砂岩 | 页岩、泥岩、黄土 | 石灰岩、白云岩 | 煤、油页岩、生物礁 |

3. 变质岩

受高温、高压、活性气体作用，先成岩石发生变化而形成的新岩石。由于变质有程度深浅，因此岩石特征既有继承性，也有独特性。

(1)矿物成分：一部分属于原岩所有，另一部分为变质过程中新形成的特有变质矿物，如石榴子石、绿泥石、滑石、蛇纹石等，是变质岩的重要标志。

(2)结构：有变晶结构与变余结构。

变晶结构：变质过程中，原岩在固态条件下经重结晶作用而形成的新的晶质结构。

变余结构：也称残留结构，由于变质不完全，岩石残留有原岩的结构特征。

(3)构造：因受定向压力的影响，矿物具有定向排列的构造特征，即片理构造。片理构造是指岩石中矿物定向排列表现出似层状构造，是变质岩最常见、最具特点的构造。矿物平行排列所成的面为片理面。依变质程度可以分为片麻构造、片状构造、千枚构造、板状构造。

(4) 变质岩分类：见表 2-4。

**表 2-4　主要变质岩分类简表**

| 岩类 | 片麻岩 | 片岩 | 千枚岩 | 板岩 | 大理岩 | 石英岩 |
|---|---|---|---|---|---|---|
| 主要矿物 | 辉石、长石、石英、黑云母、石榴子石 | 云母、角闪石、斜长石、绿泥石 | 黏土矿物、石英、绢云母、绿泥石 | 原岩矿物、绢云母、绿泥石 | 方解石、白云石、蛇纹石、橄榄石 | 石英 |
| 结构 | 变晶 | 变晶 | 变晶 | 变余 | 变晶 | 变晶 |
| 构造 | 片麻状 | 片状 | 千枚状 | 板状 | 块状 | 块状 |

## 六、结果记录

依照表 2-5 判别标准将实验观察的结果记录在表 2-6。

**表 2-5　三大类岩石的分布、产状、矿物成分、结构与构造**

| 岩类 | 岩浆岩 | 变质岩 | 沉积岩 |
|---|---|---|---|
| 主要岩石 | 花岗岩、玄武岩、安山岩、流纹岩 | 混合岩、片麻岩、片岩、千枚岩、大理岩 | 页岩、砂岩、石灰岩 |
| 产状 | 侵入岩、喷出岩 | 随原岩产状而定 | 层状产出 |
| 矿物成分 | 石英、长石、云母、角闪石、辉石、橄榄石等 | 石英、长石等原生矿物，石榴子石、绢云母等变质矿物 | 石英、长石等原生矿物，方解石、黏土等次生矿物 |
| 结构 | 大部结晶、粒状、斑状；部分隐晶、玻璃质 | 变晶、变余 | 碎屑(砾、砂等)、泥质、化学(微晶、胶体)、生物化学 |
| 构造 | 块状构造；喷出岩常具气孔、杏仁、流纹等 | 块状构造；片麻、片、千枚、板状等片理构造 | 层理构造、层面构造 |

注：岩浆岩与变质岩两者合计分布面积为 25%，而沉积岩分布面积达 75%。

**表 2-6　主要成土岩石鉴定表**

| 岩石编号 | 颜色 | 矿物成分 | 结构 | 构造 | 岩石类型 | 岩石名称 | 备注 |
|---|---|---|---|---|---|---|---|
| | | | | | | | |
| | | | | | | | |
| | | | | | | | |
| | | | | | | | |
| | | | | | | | |
| | | | | | | | |

## 七、思考题

(1) 岩浆岩中的深成岩、浅成岩、喷出岩的结构与构造各有什么特点？

（2）沉积岩的层理构造应在什么条件下观察？

（3）变质岩的片理与沉积岩的层理如何区别？

（4）岩浆岩、沉积岩、变质岩的矿物组成有何异同？

（5）化石可以在哪类岩石中找到？

# 实验三　土壤剖面调查与观测

## 一、目的意义

土壤剖面是在成土因素的长期作用下形成的，剖面形态是土壤形成过程的真实记录。通过土壤剖面的实地调查，土壤剖面形态特征观测，可为研究土壤的发生分类、明确土壤性质、评定土壤肥力、编制土壤图、进行土地评价与管理、生态环境质量评价等提供依据。

## 二、方法原理

土壤剖面特征是土壤内在性状的外在表现，实地挖掘土壤剖面，既可进行相关性状的调查与观测，同时采集土壤样品，便于对土壤理化性质与生物学性质的进一步研究。

根据研究目的与用途，土壤剖面可分主要剖面、对照剖面、定界剖面三个种类。工作中，剖面的设置、挖掘与观测，应视实际情况而定。以下为常规土壤剖面调查方法介绍。

## 三、实验器具与化学试剂

土铲（锄头）、取土器（土钻）、剖面刀、手持罗盘仪（GPS）、海拔表、卷尺、门赛尔比色卡、记录本、剖面记载表、土袋、标签纸、比样标本盒、橡皮筋、铅笔、稀盐酸、混合酸碱指示剂、皮头滴管、白瓷板、环刀、小锤、铝盒、工业乙醇、打火机等，具体视实际工作需要而定。

## 四、操作步骤

1. 剖面点的野外选择

据室内对地形图（或航片等资料）研究布设的剖面位置，在野外现场踏查的基础上选定的剖面点，应满足以下原则：

（1）剖面点应设于所调查土壤类型范围内最具代表性的地段，不宜选择土壤类型产生变化的区域边缘或过渡地段。

（2）根据成土条件（气候、植被、地形、母质、土壤发育度等），选择典型地段，避开特殊区域（如林窗、林缘、洼地等）。

（3）选择人为干扰较小的区域，避开道路、坟墓、池塘、肥料堆放处等地方。

林地调查时，根据研究内容布设剖面点，应考虑与树基干距离的远近（通常距离1.5 m左

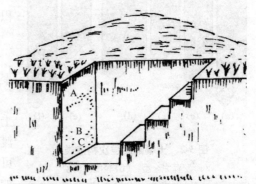

图 3-1　土壤剖面示意

右,特殊研究除外)。

2. 剖面的挖掘

(1)剖面规格:自然土壤剖面一般要求是宽0.8~1.2 m,长1.5 m(正对观察面的一侧修阶梯,以便上下),深1.5~2.0 m(或至地下水层,土层较薄时的岩石层)的长方形土坑。若土壤厚度不及1.5 m,要求达到基岩层。如图3-1所示。

(2)剖面的观察面垂直向阳,阴天无阳光时方向可任选,山地条件下观察面应与等高线平行。

(3)挖掘的土壤堆放于剖面两侧或后方,观察面上方禁止堆土或走动,同时表土与底土分开堆放,观察记录结束后按土壤层的上下顺序回填进剖面坑中,尽量避免打乱土壤层。

3. 剖面观测

剖面观测是土壤剖面调查的工作重点,一般包括以下内容:剖面周边成土条件记录、剖面层次划分、依层次进行剖面形态观测与记录、土壤样品的采集、回填土壤。

## 五、观测内容

1. 剖面所在样地情况观测

为进一步分析土壤的形成过程,以及成土因素对土壤理化性质的影响,首先观测并记载土壤剖面调查时的调查日期、天气、地理位置、地形地貌、坡度、坡向、海拔高度、成土岩石、土壤母质、土地利用情况、地下水深度、地貌素描、植被情况等。开始观测时,先用剖面刀将整个剖面从上到下按左右大致对称分为两个部分,一部分小心修为平整垂直面以作颜色等形态观测,另一部分则用剖面刀挑为毛面,进行结构、质地等形态观测。

2. 剖面层次划分

完整的森林土壤剖面具有5个发生层次,但由于受成土因素的影响程度不同,剖面发育不完全一致,尤其山地土壤剖面发育不完全的表现明显,如图3-2所示。

土壤剖面发生层划分标准:

O层:(曾用符号$A_0$)枯落物层;依分解程度不同,可续分为三个亚层:L(未分解)、F(半分解)、H(分解强烈);

A层:腐殖质层,具淋溶作用,多有机质积累;

B层:淀积层,淀积了上层淋溶下来的物质;

C层:母质层,成土作用较弱,但也有可溶盐聚集或初育现象。

对于山地土壤或森林土壤的土壤剖面,某一土层若兼具上下相邻土层的特征表现,可划分过渡层,如AB、BC、AC等;土层发育程度较深的,可以根据发育程度与特征变化进一步划分亚层,如$B_1$、$B_2$、$B_3$等(通常最多3个亚层);考虑到室内土壤分析工作量的适宜度,土层划分不宜过细。

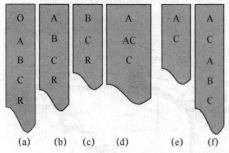

图3-2 土壤剖面层次构造类型
(a)发育完全型 (b)轻度扰动型
(c)侵蚀型 (d)发育不完全型
(e)初育土型 (f)埋藏型

3. 剖面形态观测

对应土壤剖面的每一土层，分别进行土壤剖面形态特征观测，具体内容有：土层深度、土层厚度、土壤的颜色、结构、质地、紧实度、新生体、侵入体、根系分布、土居动物、石灰反应、pH 等。

(1) 土层深度：土壤各层次在土壤剖面中的分布深度，由土表向下的连续读数。例如：0～15 cm，15～26 cm，26～55 cm，55～100 cm 以下，等等。

(2) 土层厚度：某一土层的厚度，由该土层在土壤剖面中分布的深度下限与上限之差值。例如：土层深度为 15～26 cm，该土层厚度为 11 cm。

(3) 土壤颜色：与土壤物质组成相关的色泽表现，可根据相应的标准土色卡（门赛尔比色卡），或肉眼观察描述法进行确定。工作中常用两种颜色描述，主色在后，次色在前。如黄红色，红色为主，黄色为次。必要时也可用三种颜色，如紫红棕，或加修饰词，如淡黄褐。

(4) 土壤结构：土壤固体颗粒的空间排列方式，与土壤肥力状况密切相关。野外工作中，取大土块用手沿土壤结构面轻掰土块，或将土块于手中轻抛使其自然散碎而获得的形状、大小不同的土团，见表 3-1。

(5) 土壤质地：土壤的砂黏性，野外调节土壤湿度在可以成型范围内，用手感法测定。土壤质地的野外速测可定性反映土壤水气热条件（表 3-2）。

(6) 土壤湿度：土壤含水量的直观感觉描述，可帮助判断土壤水分的供给情况（表 3-3）。

表 3-1 土壤结构类型划分表

| 土壤结构 | 单粒结构 | 团粒结构 | 核状 | 块状结构 | 柱状结构 | 片状 |
|---|---|---|---|---|---|---|
| 土团大小 | 散沙状 | 0.25～10 mm | 10～50 mm | 大块：>100 mm 小块：50～100 mm | 高度远大于长度和宽度 | 厚度<3 mm |

表 3-2 土壤质地手感测定表

| 土壤质地 | 黏土 | 壤土 | 砂土 | 砾土 |
|---|---|---|---|---|
| 成型状况 | 手揉成球表面光滑，压扁少量细裂痕 | 易成球表面无光，压扁裂痕较大 | 疏松、勉强成团，触之即散 | 土壤中>3 mm 砂砾的含量>50%，难成型 |
| 手测标准 | 黏附性强，手感细滑 | 手感柔和，砂黏适中 | 粗糙感、不黏着 | 手感粗糙，散碎 |

表 3-3 土壤湿度判断标准

| 土壤湿度 | 干 | 润 | 湿润 | 潮湿 | 湿 |
|---|---|---|---|---|---|
| 判断标准 | 干，可吹出飞尘 | 凉，吹气无飞尘 | 手捏可留下水迹 | 手感湿润无水流出 | 手捏有水流出 |

(7) 土壤松紧度：土壤对于插入土体的外物的抵抗力，常借助剖面刀或紧实度计测定。结果可辅助判断植物根系的下扎难易和土壤供水能力（表 3-4）。

测定时以相同的力道将剖面刀或者紧实度垂直插入待测土壤体中，观察剖面刀没入土体的程度。

表 3-4 土壤松紧度判断标准

| 土壤松紧度 | 松散 | 疏松 | 稍紧 | 紧实 | 极紧 |
|---|---|---|---|---|---|
| 判断标准 | 轻压即没入土体，土粒不黏结 | 土块干时易分散，刀没入土体较深 | 土块易分散，刀没入土体数厘米 | 土块较坚硬，刀可没入土体 1~2 cm | 土块极坚硬，刀很难没入土体 |

(8) 土壤新生体：土壤形成过程中的新生物质，常以胶膜状附于土壤结构面上，或以结核出现，如铁锰胶膜、石灰结核、盐霜等，是土壤发育程度的反映。

(9) 土壤侵入体：土壤剖面中因人为活动混入的杂物，如砖瓦、碳粒、粪便等，可体现土壤发育过程中受扰动程度。

(10) 植物根系：对剖面层次中的根系数量作估计，以单位面积内根的数量计（表 3-5）。

表 3-5 土壤剖面内根系分级

| 根系情况 | 没有根系 | 少量根系 | 中量根系 | 大量根系 |
|---|---|---|---|---|
| 标准（根数/cm$^2$） | 0 | 1~4 | 5~10 | >10 |

(11) 土居动物：单位体积土体中的土居动物数量，通常用目测法进行简单统计。

(12) 石灰反应：测试土壤含石灰情况，取少许土样（约黄豆大一粒）于白瓷板穴中，加数滴 10% 稀 HCl，观察是否有气泡放出，并以符号"-、+、++、+++"分别表示放出气泡的"无、少量、中等、多"。

(13) pH：取少许土样（约黄豆大一粒）于白瓷板穴中，加 pH 混合指示剂 3~5 滴，轻轻摇动白瓷板使土样与试剂充分反应，静置片刻，待溶液澄清后，微微倾斜白瓷板，将溶液颜色与 pH 比色卡对比，确定其 pH 值，初步判断土壤的酸碱范围。

## 六、结果记录

现场完成土壤剖面记载表，见表 3-6。

## 七、思考题

(1) 选择土壤剖面点的注意事项有哪些？
(2) 土壤剖面类型有哪几种？对主要剖面的挖掘应注意些什么？
(3) 土壤剖面构造有哪些表现？侵蚀土壤的剖面层次有什么特点？
(4) 土壤剖面形态特征有哪些？
(5) 如何区分新生体和侵入体？
(6) 野外如何观测土壤结构？
(7) 从哪几方面对土壤剖面的观测结果进行分析？

**表 3-6　土壤剖面记载表**

| 调查日期 | | 调查天气 | | 剖面编号 | | 土壤名称 | | 剖面地点 | |
|---|---|---|---|---|---|---|---|---|---|
| 剖面位置 | | 海拔 | | 大地形 | | 小地形 | | 地类 | |
| 坡向 | | 坡度 | | 成土母质 | | 母质类型 | | 侵蚀情况 | |
| 植被类型 | 乔木 | | | | | | | 总郁闭度 | |
| | 灌木 | | | | | | | | |
| | 草本地衣 | | | | | | | | |
| 剖面草图 | 层次 | 深度 | 颜色 | 质地 | 结构 | 湿度 | 松紧度 | 新生体 | 侵入体 | 石灰反应 | 根系 |
| | | | | | | | | | | | |
| | | | | | | | | | | | |
| | | | | | | | | | | | |
| 剖面综合性态分析 | | | | | | | | | | | |
| 备注 | | | | | | | | | | | |

调查人：　　　　　　　　　　　　　记录人：

注：(1) 剖面综合性态分析主要是综合土壤的成土条件与剖面形态，分析土壤对林木生长的影响与适宜性，找出限制性因子，为进一步培肥土壤、保护土壤、利用土壤提供依据。

(2) 备注主要用于对记录表未涉及，但对进一步了解土壤有意义的其他特征做补充说明。

# 实验四  土壤样品的采集

## 一、目的意义

为了解土壤资源情况，除在实地进行土壤剖面形态的观察外，还需要采集土壤样品标本或分析样品，以便进行各项理化性质的测定。此外，还需根据某些特殊要求，采集比样标本、整段标本等。土样的采集，是根据研究的目的和要求决定的，由于土壤差异性很大，要使分析结果能正确反映土壤的特性，在很大程度上取决于采样的代表性，即选择有代表性的地点和土壤层次进行采集。

## 二、实验器具

土钻、土刀、铁锹、锄头、土袋、土盒、标签、卷尺、记录表，有时也用到环刀、整段标本盒等。

## 三、操作步骤

由于研究土壤的目的不同，土壤样品的采集包括以下几种：

### 1. 原状土壤样品采集

原状土壤样品的采集，主要是为了解测定土壤的某些物理性质，如土壤密度和孔隙度的测定，可用环刀在各土层中取样，采样时必须注意土壤不宜过干或过湿。采集和携带的样品，土块不应受挤压而变形，为此通常将样品放于不锈钢环刀中，带回室内进行相应处理。

### 2. 平均混合样品采集

为了解苗圃地或试验地或其他类型的土壤，通常采取一定深度（随栽培植物的根系深度而定）的土壤或耕层土壤，并分数处采集土样进行混合。

土壤剖面规格，自然土壤一般为：长 1.5~2 m，宽 0.8~1 m，深度以达到母质、母岩或地下水面（下同）；对于耕作土壤，采样深度一般为 0~15 cm 或 0~20 cm，有时为了研究土种间肥力的差异或自身肥力变化趋势，可适当深至 15~30 cm 或 20~40 cm。

具体方法如下：

（1）选点：为获得平均土样，必须采取多点混合样品以减少土壤样品差异，提高样品的代表性。样点的多少可根据土壤类型、土地面积、地形和土壤肥力情况来决定。每公顷取 25~150 个样点，选取样点时，应避免肥料堆或路边等不具代表性的地方布点。可采用"S"形布点法。

（2）采样：每一点采样数量、深度、上下土体采样多少应大致相等，取表土样时可由上向下取土壤，将各样点所取土样均匀混合，用"四分法"逐次弃去多余部分，最后将剩余的 1 kg 左右平均样品装入布袋，填写标签，带回室内。

3. 分析样品采集

为了解土壤发生、发育的化学过程和理化性质，一般按发生层次采样，对于每一种土壤类型，至少取3个重复剖面，各重复剖面的同一层次样品不得混合。

有关剖面点的选择、挖掘，请参阅"土壤剖面的观察记载"部分。而土壤剖面样品的采集一般是从每层中间部分采取，若土层过厚，可在该层的上部或下部各取两个样品，样品一般不应少于0.5~1 kg。若含较多石块或侵入体时，应采样2 kg以上，取样时先从剖面下部层次开始，取出的土样分层分别装入布袋内，并填好标签一起带回室内。

4. 比样标本样品采集

为了进一步观察形态特征和对土壤进行比较，应从剖面的下部层次采集，放入盒中的最下一格，依次向上层采集，并逐格盖上盖子，以免上层对下层造成污染，最后注明编号、采集时间、地点、采集人和土壤名称，并在土盒侧面注明各层深度。

5. 土壤整段标本采集

在土壤剖面垂直的坑壁上，掘出一个与整段标本木箱大小吻合的长方形土柱（长100 cm、宽20 cm、厚5 cm，图4-1），然后将箱框套在土柱上，将箱框中凸出部分削平后，把箱盖盖上，用螺丝钉旋紧，再从箱底面切土，使整段标本逐渐脱落下来，将装满木框而过多的土壤用剖面刀从标本箱底面除去，旋上底板，在箱盖上写明编号、时间、地点、采集者和土壤名称，同时在箱侧面也应写明剖面编号。土壤整段标本是为陈列土壤资源而采集的，一般情况下应用不多，应用较多的是土盒标本的采集、土壤混合样品的采集以及土壤剖面样品的采集。

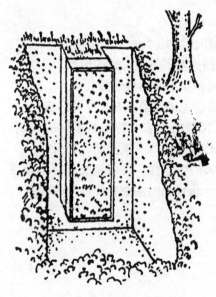

图4-1 整段标本采集示意

6. 污染土壤样品采集

土壤环境的天然污染源来自矿物风化后自然扩散，火山爆发后降落的火山灰等。人为污染源是土壤污染的主要污染源，包括不合理地使用农药化肥、污水灌溉，使用不符合标准的污泥，城市垃圾与工业废渣，固体废物的随意堆放或填埋，以及大气沉降物等。在采集以分析土壤污染为目的的土壤样品时，基本采样方法同样适用，如分层采样或采集混合样品，但要尽量用竹铲、竹刀直接采样，或用铁铲、土钻挖掘后，用竹刀刮去与金属采样器接触的部分，再用竹铲或竹刀采集土样。总之，采样时以采样器具不污染样品为原则。

7. 新鲜土壤样品采集

在测定土壤铵态氮、土壤硝态氮、土壤微生物、土壤酶等相关指标时，通常需要采集新鲜的土壤样品以保证测定结果与野外实际相符。如不同种类酶的活性经过土壤保存过程后通常有所下降，与真实情况有差异，而新鲜土样测试虽然变异性较大，但是测定结果更能代表自然状态下的酶活性状况，因此测定土壤酶活性的方法大部分采用新鲜土样。

进行新鲜土壤样品采集时，根据实验目的需要可选择原状土壤样品采集或平均混合样品采集。原状土壤样品采集法,即在样地中随机选择有代表性的样点,每个采样点用土钻从 0~20 cm 深的土层取土柱,挑去植物残体、石砾和其他杂物,用无菌的封口袋装袋封装。采用平均混合样品采集法时,同样是在样地中随机选择有代表性的样点,每个样点采集多份原状土并均匀混合,用无菌的塑封袋封装。塑封袋封装的样品置于 4 ℃ 冰盒中存放,直至带回实验室;若所采样品需用于微生物组的测序,则建议放于液氮中保存。此外,对于空间变异性大的样地,可以适当增加采样点,并组成混合样品以克服空间变异性。

## 四、注意事项

(1)采集原状土样,如用于测定密度、孔隙度,或作土壤标本的,切不可人为踩紧、挖松,以保证土样维持原状为原则,同时避免肥料堆或路边等不具代表性的地点。

(2)在分层采样时,应采取从下至上的次序,层次间相互不能污染或掺和。

(3)采集以分析重金属污染为目的的土样时,务必要避免采集器具对土样的污染。

(4)新鲜土壤样品用于土壤酶活性测定的一般都有特殊的要求,特别是采样的时间。土壤酶活性受季节影响大,采样时需考虑,并避免在耕作或施肥等土壤扰动之后采样。

(5)土壤样品的代表性直接影响土壤酶活性测定结果的可靠性。许多植物根际内土壤的酶活性显著高于根际外,因此,采集供酶活性测定的土壤样品时注意根际内外的区别。

## 五、思考题

(1)土壤样品的采集有哪些类型?
(2)不同的土壤采集方法分别需要注意哪些问题?

# 实验五  土壤样品的处理与贮存

## 一、目的意义

土壤样品带回室内后要及时进行处理,以便得到较好的分析效果。由于分析测定的目的不同,处理方法也有所不同。如测定土壤物理性质的原状样品,不能进行风干、磨细等措施,应按分析方法要求,及时测定土壤密度、比重、田间持水量等指标。总之,土壤样品处理与贮存的目的在于为测定各土壤指标服务。

## 二、实验器具

木盘或瓷盘、牛皮纸、木质研棒、研钵、土壤筛(规格 2 mm、1 mm、0.25 mm)、尼龙筛、广口瓶、标签、电子天平(感量 0.01g)或其他托盘天平。

## 三、处理方法

1. 新鲜土壤样品的保存

采用新鲜土样进行指标测定时,如果不能一次性测定完成,则需对其进行保存。通常将土样带回实验室后,需迅速去除可见的石砾、动物和植物残体,并迅速过 2 mm 筛以防水分蒸发影响酶活性等指标,混合均匀后置于自封袋中,密封后放置于 4℃ 冰箱内保存,有效存放时间为 1 个月。如需更长时间放置则需放置于 -20 ℃ 冰箱中,有效存放时间为 3 个月。

分析新鲜土样的最大困难在于其不均一性。在进行实验之前,应将土样进行充分混匀以减小误差。另外,对于非常不易混匀的田间或山地等水分异质性大的旱地土壤,建议加大野外采样量以及实验测定时的称样量,以减少由不均一性带来的误差。

2. 土壤样品的风干、制备和贮存

野外采回来的样品,经登记编号后,还要经过一系列的处理:如风干、制备、贮存等,才能用于各项分析。

(1)土壤样品的风干:采回的样品除了某些项目(如自然含水量、硝态氮、铵态氮、亚铁、酶等)的速测,需用新鲜土样测定外,一般项目都用风干样品进行分析。因潮湿的样品易发霉变质,不能长期保存。

样品的风干可置于通风橱中或摊开于干净的木盘等容器上,压好标签后进行风干。风干时应保持通风良好,无氨气、尘埃、酸蒸汽或其他化学气体,以防污染。应经常翻动样品以加速干燥,并用手捏碎土块土团,使其直径在 1 cm 以下,否则干后不易研磨。另外,捏碎土块可及时剔除其中的动植物残体,避免日后碾碎混入土样中,而增加有机质等含量。一般情况下新鲜土壤样品 5~10 d 即可风干,潮湿季节可适当延长。

(2)样品的制备:风干后的样品还需经过磨细,使其通过一定规格的筛孔。因不同分析项目要求不同，加之称量样品很少或样品分解较困难，因此，必须经过磨细等处理。

将风干样品用木棒碾碎，使其全部通过 2 mm 筛孔。土壤筛可用铜制品，但若用于分析测定金属元素则只能选尼龙筛。凡经研磨都不能通过者，记为石砾须遗弃。必要时应称重，计算石砾含量。

$$石砾含量(\%) = (石砾重/全部风干样品重) \times 100$$

凡是通过 2 mm 筛孔的样品，用四分法选取平均样品 100 g，贮于广口瓶中备用。

剩下的样品继续磨细，至全部通过 1 mm 孔筛，用四分法取平均 500 g，贮于广口瓶中供一般化学分析，其余样品再在研钵中磨细，使其全部通过 0.25 mm 孔筛（使用研钵时不应敲击，以免损坏研钵）。通过 0.25 mm 孔筛的土样，再用四分法选出 200 g，其中 100 g 进行精选，在放大镜下剔除草根与植物残体及其半分解产物，把精选的和未精选的分别装入广口瓶中，前者供腐殖质及全氮分析用，后者供矿质全量分析等使用。

(3)样品的贮存：供生产和科研工作分析用的土壤样品，通常要保存半年至一年，以备必要时核查，样品应放在磨砂广口瓶中，在避免日光、高温、潮湿和有酸碱气体等影响的环境中贮存，并贴上标签，注明样品编号、土壤名称、采集地点、采样深度、采样日期、采集人和过筛孔径等。标准样本或对照样本则要长期妥善保存。

## 四、注意事项

(1)样品的风干环境应保持通风良好，无氨气、尘埃、酸蒸汽或其他化学气体，以防污染；捏碎土块，应及时剔除其中的动植物残体。

(2)研磨土壤样品时，一般用木棒进行手工研磨，少用粉碎机，研磨过程中，剔除动植物残体，若遇到石砾，不要强行磨碎。

(3)土样过筛时，从粗到细，每种规格都要预留足够的样品。土壤筛一般是铜质的，但若用于分析重金属的土样应使用尼龙筛。

(4)标签上要详细写清相关信息，不得遗漏。

(5)随着土壤学与土壤分析技术的不断发展，对土壤分析样品的处理也有相应变化。土壤有机碳、腐殖质组成、全氮、碳酸钙等项目的测定，通常使用过 0.25 mm 筛的土壤样品；土壤矿质成分与全量分析等项目的测定，通常使用过 0.149 mm 筛的土壤样品；而除此以外的其他土壤常规理化分析所用样品均采用过 2 mm 筛的土壤样品。本书综合新旧分析方法，以过 1 mm 筛和 0.25 mm 筛两种粒径土壤样品为分析制备样品，特此说明。

## 五、思考题

(1)风干土壤样品在分析前为什么要用木棒研磨，并通过不同规格的土壤筛？

(2)土壤样品的贮存要注意哪些问题？

# 实验六  土壤水分的测定

## 一、目的意义

土壤水分是土壤肥力四大因子之一,它影响着土壤的通气状况以及土壤养分的运移、转化和有效性。不同土壤其水分含量有所不同,进行土壤理化常规分析时,须以去除土壤水后的干土样品为基准,从而使分析结果在一致的基础上进行比较,因此要对土壤水分进行测定。

通常,野外采集的土壤样品,可进行新鲜土壤样品的自然含水率测定,以及风干后土壤样品的吸湿水含量测定。

## 二、方法选择

测定土壤含水量的方法有多种,常见的有烘箱法、乙醇燃烧法、红外线法以及中子测定法。常规实验室通常以烘箱法、乙醇燃烧法、红外线法进行测定,野外工作则可通过中子仪、时域反射仪、土壤剖面水分仪等进行快速测定,但需注意区分体积含水量与质量含水量的差异。

## 三、方法原理

土壤水分可分为分子内部结合水、分子间的吸湿水和可供植物吸收利用的自由水三类。结合水要在 600~700℃ 的高温下才可除去,而由于分子间引力所吸附的吸湿水,在 105℃±2℃ 的温度下即可转变为气态水而除去;对有机质含量较高的土壤,为避免高温导致有机质碳化,可用减压低温法(70~80℃,<20 mmHg),根据土样在烘烤时失去的重量,即可计算土壤吸湿水量。

土壤自然含水率是新鲜土壤样品的实际含水量,即对野外采集的土壤样品含水率进行的及时测定,它包括土壤孔隙中全部自由水和吸湿水。自然含水率可以采用烘箱法、乙醇燃烧法、红外线法以及中子测定法等方法进行测定;风干土样的吸湿水含量则可采用烘箱法进行测定。

## 四、实验器具与化学试剂

称皿(铝盒)、烘箱、干燥器、分析天平、普通天平、95% 乙醇、玻棒、火柴等。

## 五、测定项目

1. 风干土吸湿水的测定

(1)操作步骤:将称皿(或铝盒)编号并洗净,连盖(揭盖)置于 105~110℃ 烘箱内烘烤 0.5 h,(合盖后)取出置于干燥器内冷却后(约 0.5 h),连盖在分析天平上准确称重(精确至 0.000 1 g),得 $W_1$。将预先粗称的 5~10 g 过 1 mm(2 mm)孔筛土样平铺于称皿中,再精确称重,得 $W_2$,(揭盖)移入已加热至 105~110 ℃ 的烘箱内,烘烤 8 h(此时,应把盖子斜放在皿侧),(合盖)取出置于干燥器中,冷却至室温(约 0.5 h)立即精确称重,得 $W_3$,再揭盖放入烘箱中烘烤 3 h(此过程可重复多次)后取出冷却称重,得 $W_4$,当 $W_3$ 与 $W_4$ 两次称量值之差 <3 mg 时即视为达到恒重。

(2)结果记录:将实验结果记录于表 6-1。

表 6-1 结果记录与计算

土样名称:　　　　　采集地点:　　　　　层次深度:　　　　　粒径:

| 项目 | 重复次数 | | | 备注 |
|---|---|---|---|---|
| | 1 | 2 | 3 | |
| 称皿编号 | | | | |
| 称皿重 $W_1$(g) | | | | |
| 称皿+风干土重 $W_2$(g) | | | | |
| 称皿+烘干土重 $W_3$(g) | | | | |
| 称皿+烘干土重 $W_4$(g) | | | | 注:$\lvert W_3-W_4\rvert<0.003$ g |
| 吸湿水含量(%) | | | | |
| 吸湿水含量平均值(%) | | | | |
| 风干土与烘干土换算系数 $K$ | | | | |

测定日期:　　　　　　　　　　　　　测定人:

(3)计算公式:注意以烘干土(或干土)为分母的土壤吸湿水含量(常用),和以风干土(或鲜土)为分母的土壤吸湿水含量,二者是不同的,但均可用于计算风干土与烘干土的换算系数($K$ 值),详见公式(6-3)。

以烘干土壤为基础的土壤吸湿水含量:$W_{烘}\% = \dfrac{W_2-W_3}{W_3-W_1} \times 100$ (6-1)

以风干或自然湿土为基础的土壤吸湿水含量:$W_{风}\% = \dfrac{W_2-W_3}{W_2-W_1} \times 100$ (6-2)

风干土与烘干土的换算系数:$K = \dfrac{1}{1+W_{烘}\%} = 1-W_{风}\%$ (6-3)

风干土与烘干土的换算:烘干土 = 风干土 × $K$ (6-4)

2. 自然含水量的测定

(1)烘干法:与测定土壤吸湿水的方法完全相同,只是需称量 25 g 自然湿土,且只要求感量 0.1 g 或 0.01 g 天平即可(因新鲜土样含水量常在 10% 以上,25 g 土样约含水分几克,普通天平即可满足其精度要求)。

(2)红外线法:将样品置于红外线灯下,利用红外线照射的热能,使样品水分蒸发,而测其含水量。此法快速简便。固定红外线灯于铁架上,下面垫一石棉板(距灯中心 5~10 cm),称取 5 g(精确至 0.01 g)土样平铺于已知质量的称皿(或铝盒)中,置于红外灯下,每次可放 4~6 个样品,照射 3~7 min 后称重(有机质含量少的样品 7~15 min),时间太长易引起有机质碳化而造成误差。

结果计算同烘箱法。

(3) 乙醇燃烧法

① 操作步骤：本法是利用乙醇在土壤中燃烧，使其水分蒸发，由燃烧前后的质量变化算出土壤含水率，本法测定较为粗放，所得结果与烘箱法相比，差值在 0.5% ~ 0.8%。

新鲜土壤剔除肉眼可见的根系及石砾后，称取 10 g 土样（精确至 0.01 g）放入已编号并称重的铝盒中。加入适量乙醇至土样浸透（以乙醇液面刚好与土面齐平为宜），点火燃烧至火焰自然熄灭，反复连续燃烧 2 ~ 3 次，即可使其接近恒重。

② 结果记录：将实验结果记录于表 6-2。

表 6-2　结果记录与计算

土样名称：　　　　采集地点：　　　　层次深度：　　　　天气状况：

| 项　目 | 重复次数 | | | 备注 |
|---|---|---|---|---|
| | 1 | 2 | 3 | |
| 铝盒编号 | | | | |
| 铝盒质量(g) | | | | |
| 铝盒 + 自然土质量(g) | | | | |
| 铝盒 + 烧干土质量(g) | | | | |
| 燃失质量(g) | | | | |
| 自然含水率(%) | | | | |
| 平均值(%) | | | | |
| 自然土换算为烘干土系数 $K_{自}$ | | | | |

测定日期：　　　　　　　　　　　　测定人：

③ 计算公式：按式(6-5)计算土壤自然含水率：

$$土壤自然含水率(\%) = \frac{燃失质量(g)}{供试土样质量(g) - 燃失质量(g)} \times 100 \qquad (6-5)$$

式中　供试土样质量——新鲜土壤取样质量；

燃失质量——乙醇燃烧而失去的质量，即新鲜土样质量与燃烧冷却后土样质量之差值，实际上是土壤燃烧损失的水分质量。

## 六、注意事项

(1) 烘箱法测定自然含水量时，可使用铝盒，测量吸湿水重时使用称皿。

(2) 使用称皿测量吸湿水时，不可直接用手拿取称皿，以免汗液污染，可借助夹钳或纸条等。

(3) 称皿或铝盒放入烘箱中烘烤前，应揭开皿盖，以便水分散发。

(4) 从烘箱中取出称皿前盖上皿盖，并直接放入干燥器内冷却，称量时要迅速、准确。

(5) 土壤吸湿水很少，测量易受影响产生误差，可能需多次烘干才能达到恒重，即

$|W_3 - W_4| \leq 3$ mg。

(6) 野外现场乙醇燃烧法测定土壤自然含水率，要注意火患。乙醇燃烧常有暗火，不易观察，可借助纸片、草叶等易燃物，在铝盒上方试探暗火有无。

(7) 野外乙醇燃烧测定时，第二次加乙醇再燃时，要保证火已完全熄灭，否则危险。

## 七、思考题

(1) 土壤吸湿水量与自然含水率有什么区别与联系？

(2) 土壤吸湿水量与自然含水率可应用于哪些方面？

# 实验七　土水势的测定

## 一、目的意义

在不饱和土壤水运动中，决定土水势的是基质势和重力势。土水势是土壤水分相对的特定势能，实质上是指自由纯水的能量和土壤水分能量之间的差值。土壤中的水分总是从势能高的地方向势能低的地方运动。土壤水分的势能越大，越容易被植物吸收。土壤中各点的水势差决定了土壤水分的状态和运动，可以用统一的标准和尺度来研究土壤—植物—大气连续体中的水分运动过程，进而判断它们之间的水流方向、速度和土壤水有效性。因此，通过测定土壤的水势，能够掌握土壤水的运动趋势及它对植物的可供给性，并确定土壤水的能量状态，可进一步对植物的田间水分管理提供依据。

## 二、方法选择

土水势的测定方法有很多种，如最常用的张力计法、压力膜、压力板法都是测定基质势或基质吸力的，而冰点下降法、水汽压法则是测定土水势或土壤水吸力的，电阻法适用于较低的土水势测定（低于张力计测定的范围）。其中，测定基质势最常用的是张力计法。

本实验主要介绍张力计法，不同的张力计适用的研究也不同。用水银柱作压力计的张力计适于实验室使用；弹簧管真空表型张力计适于田间使用。由于弹簧管真空表型张力计使用较方便，并适用于指示苗圃等地灌溉之用，因此，本书仅介绍弹簧管真空表型张力计使用步骤。汞柱型张力计精度高，但因使用不方便，此处不作介绍。

## 三、方法原理

弹簧管真空表型张力计的构造如图 7-1 所示，又称为压负计、湿度计和土壤水分传感器，由陶土管、负压表（真空表）和集气管组成。陶土管是仪器的感应部件，它是一个多孔体，被水浸润之后，其孔隙间的水膜具有一定的张力，能透过水和溶质，但能阻止空气和土粒通过。水膜在 100 kPa 以上的压力下才会破裂透过空气。负压表是仪器的指示部件，为弹簧管真空表。集气管为收集仪器里的空气之用。仪器使用时内部应充满无气水，不允许有空气。在仪器的使用过程中溶解在土壤水中的空气往往进入仪器内，在一定的负压下这部分溶解的空气会气化逸出而聚集到集气管中。

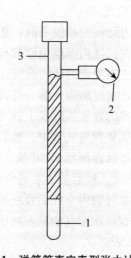

图 7-1　弹簧管真空表型张力计结构
1. 陶土管；2. 负压表；3. 集气管

一个完全充满水且封闭的土壤张力计插入水分不

饱和的土壤后,由于土壤具有吸力,通过土壤水与仪器内水分的流动,使土壤与仪器的水势趋于平衡。此时仪器内部产生一定的真空,使负压表指示出负压力,即为土水势。土水势趋于平衡时,设仪器水势为$\varphi_{\omega D}$,土水势为$\varphi_{\omega S}$,则$\varphi_{\omega D} = \varphi_{\omega S}$。

因为:

$$\varphi_{\omega S} = \varphi_{pS}(土壤压力势) + \varphi_{mS}(基质势) + \varphi_{aS}(渗透势) + \varphi_{gS}(重力势)$$

当忽略了重力势($\varphi_{gS}$)和渗透势($\varphi_{aS}$)后,则:

$$\varphi_{\omega S} = \varphi_{pS} + \varphi_{mS}$$

$$\varphi_{\omega D} = \varphi_{pD} + \varphi_{mD}$$

式中 $\varphi_{pD}$——仪器压力势;

$\varphi_{mD}$——仪器基质势。

将$\varphi_{\omega S} = \varphi_{pS} + \varphi_{mS}$及式$\varphi_{\omega D} = \varphi_{pD} + \varphi_{mD}$,代入$\varphi_{\omega D} = \varphi_{\omega S}$中,则:

$$\varphi_{pS} + \varphi_{mS} = \varphi_{pD} + \varphi_{mD}$$

因为土壤的压力势(以大气压为参考)为零,而仪器内无基质,其基质势为零,故:

$$\varphi_{mS} = \varphi_{pD}, \quad \varphi_{mS} = V_{\omega} \Delta PD$$

式中 $V_{\omega}$——水的密度($1 \text{ cm}^3/\text{g}$);

$\Delta PD$——负压表(真空表)的压力。

故用$\varphi_{mS} = V_{\omega} \Delta PD$表示土壤的基质势(或土壤水吸力),可由负压表(真空表)的压力来量度,土壤基质势为负值,土壤水吸力为正值,但两者绝对值相等。

## 四、仪器设备

张力计,可在市场上购得各种形式的张力计;张力计土钻,根据张力计埋设的深度定做或加工,注意:土钻钻头直径要与张力计瓷头直径相同。

## 五、操作步骤

1. 除气

张力计在安装使用前,必须预先除气。这是由于张力计测量的负压力,是借水分传递的,但在仪器内部难免埋藏有空气。

真空表型张力计的除气:①将集气管的上盖和胶塞打开,然后将仪器直立,不加盖和胶塞,让水浸润陶土管,待陶土管有水珠滴出计时 5 min。②再次加满无气水,加胶塞,把注射器的针头从胶塞上插入抽气,负压表上指针读数一般可达 60 kPa 或更高,此时气泡溢出并聚集到集气管中。然后轻轻扣拍仪器,使所有气泡集中后将陶土管浸入无气水中,这时,指针逐渐回到"0"值。③打开集气管的塞子,重新注满无气水,按上述步骤反复抽气 4~5 次,最后负压表的负压可升至 85 kPa。吸水后真空表指针较快回到"0"值,吸水完毕后,集气管内空气能收缩到很小的气泡或无气泡则表明一切除气已尽,可供使用。若无注射器也可在空气中蒸发减压除气。

2. 安装

选择有代表性的试验地,用直径比陶土管略细的土钻打孔至所需测定的深度(自陶土管中部至地表的深度),撒入少量同层的碎土并灌少量水,然后垂直插入张力计,再填入少量碎土，并将仪器上下移动，使陶土管与周围的土壤紧密接触，最后再填入其余的土壤，并轻轻捣实，使地面与原地面等平，使仪器固定。张力计安装好后，要在周围做适当的保护，但要注意不要过多地扰动和踏实附近的土壤，以免使测定地点失去代表性。

3. 观测

仪器安装之后一般需 2~24 h（砂土快、黏土慢）方能达到平衡。平衡后即可进行观测读数。对真空表型张力计读数时，若对指针读数有怀疑，可通过轻轻敲打弹簧真空表来消除指针的摩擦力，使指针达到应有的刻度。当集气管中空气量接近集气管的接口或约占集气管容量的一半（约 2 mL）时，应重新充水排气。

为避免温度造成的误差，一般应在早晨 6：00~8：00 的固定时间内进行读数。当温度降至冰点时，应将仪器撤出，避免冻坏。张力计的测定范围为 0~85 kPa 之间，一般适宜植物生长的土壤吸力多在此测量范围内。

4. 零位校正

土壤水与仪器内部水的参考压力都是大气压力。在仪器内部负压表到测点（陶土管中部）存在静水压力，负压表的读数实际包括了这一静水压力在内，如需精确观测，在计算时应予以消除。弹簧管真空负压表型张力计的校正方法是量出负压表至陶土管中部的距离，按 1 cm 距离为 0.1 kPa（即 1 mbar）计算校正值，测量值减去校正值可得实测值。也可将除过气的张力计垂直浸入水中，水面保持在陶土管的中部，此时真空表的读数即为零位校正值。实际上在计算测定结果时已把零位校正值纳入计算公式中，无须另行校正。

弹簧管真空表型张力计的基质势或土壤水吸力的计算公式为：

$$\varphi_{mS} = V_\omega \Delta PD - 零位校正值$$

式中　$\varphi_{mS}$——基质势（kPa）；

　　　$V_\omega \Delta PD$——负压表读数（kPa）。

## 六、结果记录

将实验结果记录于表 7-1 中。

表 7-1　土壤基质势观测记录表

| 测定地点 | | | | 测定者 | | |
|---|---|---|---|---|---|---|
| 土壤类型 | | | | 测定日期 | | |
| 审核者 | | | | | | |
| 测定深度 | | cm 处 A 点 | | | cm 处 B 点 | |
| 测值 | 测量值 | 校正值 | 实测值 | 测量值 | 校正值 | 实测值 |
| 重复 1 | | | | | | |
| 重复 2 | | | | | | |
| 重复 3 | | | | | | |
| 平均 | | | | | | |
| 土壤水分运动方向： | | | | | | |

## 七、注意事项

(1) 本法测定的范围为 0~85 kPa 之间。

（2）用本法测定土壤基质势（或土壤水吸力）时土壤的盐分存在对测定结果无影响；但当土壤中含有一定数量盐分时，应分别测定其溶质势（渗透势）或溶质水吸力。

（3）实验证明，土壤基质势或土壤水吸力与含水量之间并非一单值函数，因干、湿过程的不同，土水势或土壤水吸力与含水量之间有较大差异，即所谓"滞后现象"，所以用张力计来标定土壤含水量是不适宜的，其误差范围在2%～4%（水的质量对烘干土质量的百分含量），其精度比一般的含水量测定法低，所以用它来估算土壤含水量，结果是粗略的。

（4）在使用完张力计后，一定要将上面的盖子打开，把其中的水倒出或使用完毕后直接放入无气水中泡着，否则很容易将张力计上的指针损坏。

（5）在试验地结冰前，应及时将仪器撤回，以防止仪器冻坏。

## 八、思考题

（1）如何通过土壤剖面中不同点的水势值判断土壤水分的运动方向？

（2）张力计使用前为何要除气？怎样安装、调试和观测才能保证测定结果的准确性？

# 实验八 土壤密度(土壤容重)的测定与孔隙度计算

## 一、目的意义

土壤密度是指单位容积土壤(包括粒间孔隙)的质量,又称土壤容重。严格地讲,土壤密度应称为干容重,其含意是干基物质的质量与总容积之比:

$$D = \frac{M_s}{V_s} \tag{8-1}$$

式中　$D$——土壤密度($g \cdot cm^{-3}$);
　　　$M_s$——土壤固体部分质量(g);
　　　$V_s$——土壤容积($cm^3$)。

土壤密度的大小取决于土壤质地、结构性、松紧程度、有机质含量及土壤管理等因素。砂土中的孔隙粗大但数目较少,总孔隙度小,土壤密度较大。土壤密度的大小不仅可以粗略判断土壤结构性及松紧程度等状况,也是计算土壤孔隙度和空气含量的必要数据。

## 二、方法选择

本实验采用环刀法测定土壤密度。

## 三、实验原理

用一定容积的环刀(一般为100 $cm^3$)采集土壤结构未破坏的原状土壤,使土样充满其中,烘干后称量计算单位容积的烘干土质量。本法适用于一般土壤,对坚硬和易碎的土壤不适用。

## 四、实验器具

环刀(容积为100 $cm^3$)、天平(感量0.1 g和0.01 g)、烘箱、环刀托、削土刀、小土铲、铝盒、钢丝锯、干燥器。

## 五、操作步骤

(1)将空环刀连盖一起编号,并用粗天平称其质量。

(2)选定代表性的测定地点,按要求挖掘土壤剖面。用削土刀修平土壤剖面,并记录剖面的形态特征,根据实验要求分层取样,每层重复3个。

(3)将环刀托与已编号称重的环刀底部相结合,环刀内壁涂擦少量凡士林,将环刀刃口向下垂直压入土中,借助小锤垂直敲打环刀柄,直至环刀筒中充满土样为止。

(4)用工具小心取出已充满土的环刀,细心削平环刀两端多余的土,并擦净环刀外面的土。同时在同层取样处,用铝盒采样,测定土壤自然含水量 $\theta_m$。

(5)把装有土样的环刀两端立即加盖,以免水分蒸发。随即称重(精确至 0.01 g),并记录。

(6)将装有土样的铝盒烘干称重(精确至 0.01 g),测定土壤自然含水量,或者直接从环刀筒中取出适量土样测定土壤自然含水量,具体方法参见实验六。

## 六、结果计算

**1. 土壤密度的计算**

$$BD = \frac{M_s}{V} \quad (8\text{-}2)$$

式中 $BD$——土壤密度($g \cdot cm^{-3}$);

$M_s$——环刀内土壤样品质量(烘干质量)(g),$M_s$ 可通过自然含水量计算得出,即 $M_s = M/(1+\theta_m)$;

$V$——环刀容积($cm^3$),可根据实际测定中所用规格确定。

**2. 土壤总孔隙度的计算**

土壤总孔隙度是指自然状态下,土壤中孔隙的体积占土壤总体积的百分比。土壤孔隙度不仅影响土壤的通气状况,而且反映土壤松紧度和结构状况的好坏。土壤总孔隙度一般不直接测定,而是用土粒密度和土壤密度计算求得。

$$土壤总孔隙度\ P(\%) = \left(1 - \frac{土壤密度}{土粒密度}\right) \times 100 \quad (8\text{-}3)$$

如果未测定土粒密度,可采用土粒密度的平均值 2.65 $g \cdot cm^{-3}$ 来计算。

结果记录于表 8-1。

**表 8-1 土壤密度测定与土壤孔隙度计算记录表**

| 土壤样品 | 名称 | 采集地点 | 层次深度 | 备注 |
|---|---|---|---|---|
| 重复次数 | 1 | 2 | 3 | |
| 环刀编号 | | | | |
| 环刀质量(g) | | | | |
| 环刀内自然土质量 $M$(g) | | | | |
| 土壤自然含水量 $\theta_m$(%) | | | | |
| 土壤密度 $BD$($g \cdot cm^{-3}$) | | | | |
| 土粒密度 $D$($g \cdot cm^{-3}$) | | | | |
| 土壤总孔隙度 $P$(%) | | | | |

测定日期: 测定人:

## 七、注意事项

(1) 若只测定表层（或耕作层）土壤密度，则不必挖土壤剖面。

(2) 若土层坚实，用小锤敲打环刀柄的时候，注意保持环刀垂直土面，并至环刀充满即可。

## 八、思考题

(1) 土粒密度与土壤密度有何不同？

(2) 土壤密度与土壤孔隙度之间有何关系？

(3) 土壤密度是每层土壤都测定三个重复，还是一个剖面测定三次重复即可？

# 实验九　土壤饱和持水量、毛管持水量及田间持水量的测定

## 一、目的与意义

土壤水分影响着土壤中养分的分布、转化和有效性,以及土壤的通气状况,所以是植物生长和生存的物质基础,它不仅影响林木、大田作物、蔬菜、果树的产量,还影响陆地表面植物的分布。

为了说明土壤的持水性、土壤水分的有效性、土壤的孔隙及通气状况等,必须了解某些土壤水分物理性质(饱和持水量、毛管持水量和田间持水量)的数量特征,它们是反映土壤水分状况的重要指标,与土壤保水、供水有密切的关系。

## 二、方法选择

土壤水分物理性质的测定,较常用的方法是环刀法。该法的优点是可以测定系列土壤水分物理性质的数量特征,如土壤密度、最大持水量(饱和持水量)、毛管持水量、最小持水量(田间持水量)、非毛管孔隙、毛管孔隙、总孔隙度、土壤通气度、最佳含水量下限、排水能力、合理灌溉定额的系列测定。在石砾含量不多时,可采用 $100\sim200\ cm^3$ 的环刀,当石砾含量较多时,则需采用较大容积($500\ cm^3$)的环刀。

## 三、实验原理

土壤饱和持水量,又称全蓄水量、最大持水量,土壤全部孔隙充满水时所保持的水量,即土壤所能容纳的最大持(含)水量,此时的水分称为土壤饱和水。土壤毛管持水量是指土壤能保持的毛管支持水的最大量。土壤毛管持水量是土壤的一项重要水分常数,可根据其数值换算土壤的毛管孔隙度和通气孔隙度(或非毛管孔隙度)。土壤田间持水量,又称土壤最小持水量,是土壤排除重力水后,土壤所保持的毛管悬着水的最大量。

研究上述系列土壤水分物理性质,必须采取土壤结构不破坏的原状土样。用环刀取出原状土后,使土壤孔隙中多余的水排出,计算各种持水量及其他水分物理性质。

## 四、实验器具

环刀(容积 $500\ cm^3$、$200\ cm^3$、$100\ cm^3$)、粗天平(精确至 0.01 g,最大秤量 2 000 g)、烘箱、铝盒、干燥器、盆或盘(高 150 mm)、干砂、滤纸等。

## 五、操作步骤

1. 土壤饱和含水量的测定步骤

(1)用粗天平称环刀质量 $M$(带垫有滤纸的孔盖)。

(2)在代表性的测定地点挖土壤剖面,根据测定要求可按土壤发生层或按深度(如:

每隔10 cm)用环刀采取土样(确保环刀内土壤结构不受破坏),然后用锋利的土壤刀沿环刀表面削平土柱、盖好、带回待测。此处工作可结合土壤密度的测定一起进行。

(3)将装有湿土的环刀揭去上盖,仅留垫有滤纸带孔底盖,放入平底盆或其他容器内,注入清水并保持盆中水层高度至环刀上沿为止,使其吸水达12 h(质地黏重的土壤浸泡时间可稍长至24 h),此时环刀土壤中所有孔隙都充满了水,盖上上盖,轻轻水平取出,用干毛巾擦掉环刀外沾的水,立即称量质量 $M_1$,即可算出土壤饱和持水量(%,mm)。

2. 土壤毛管持水量的测定

(1)将上述称量质量 $M_1$ 后的环刀,仅留垫滤纸的带网眼的底盖,放置在铺有干砂的平底盘中2 h,此时环刀中土壤的非毛管水分已全部流出,但毛细管中仍充满水分。

(2)盖上上盖,立即称量质量 $M_2$,即可计算出毛管持水量(%,mm)。

3. 土壤田间持水量的测定

(1)再将上述称量质量 $M_2$ 后的环刀,如前一样继续放置在铺有干砂的平底盘中,保持一定时间(砂土1昼夜,壤土2~3昼夜,黏土4~5昼夜),此时环刀中土壤的水分为毛管悬着水。

(2)盖上上盖,立即称量质量 $M_3$,即可算出田间持水量(%,mm)。

4. 测定水分换算系数 $K$

将上述称量质量 $M_3$ 后环刀中的土壤,取其中间具代表性的一部分土样 $M_4$(约20 g),放在已知质量的铝盒中,立即在分析天平上称量,置于105℃±2℃烘箱中烘至恒定质量 $M_5$,测算出土壤水分换算系数。用此系数将环刀中湿土质量换算成烘干土质量,即可算出土壤水分含量[质量(g·kg$^{-1}$),容积(g·L$^{-1}$)]和土壤密度(g·cm$^{-3}$)。此步骤还可根据实验八中环刀内烘干土重的测定方法进行。

# 六、结果记录与计算

1. 结果记录

计算结果记录于表9-1中。

表9-1 土壤饱和持水量、毛管持水量、田间持水量测定记录表

土样名称:　　　　采集地点:　　　　层次深度:

| 项 目 | 重复次数 | | |
|---|---|---|---|
| | 1 | 2 | 3 |
| 环刀编号 | | | |
| 环刀质量 $M$(g) | | | |
| 环刀+饱和土质量 $M_1$(g) | | | |
| 土壤饱和含水量(%) | | | |
| 放在干沙上2 h后环刀+湿土质量 $M_2$(g) | | | |
| 毛管持水量(%) | | | |
| 放在干沙上数昼夜环刀+湿土质量 $M_3$(g) | | | |

（续）

| 项 目 | 重复次数 | | |
|---|---|---|---|
| | 1 | 2 | 3 |
| 田间持水量(%) | | | |
| 铝盒编号 | | | |
| 铝盒质量(g) | | | |
| 铝盒 + 湿土质量 $M_4$(g) | | | |
| 铝盒 + 烘干土质量 $M_5$(g) | | | |
| 水分换算系数 $K$ | | | |
| 环刀内烘干土质量 $M_6$(g) | | | |

测定日期： 测定人：

2. 计算公式

(1) 水分换算系数 $K$

$$K = \frac{M_5}{M_4} \tag{9-1}$$

式中 $M_4$——湿样(土)质量(g)；
 $M_5$——烘干样(土)质量(g)。

(2) 环刀内烘干土质量 $M_6$(g)

$$M_6 = (M_3 - M) \times K \tag{9-2}$$

式中 $M_3$——放置 1～5 昼夜后环刀内湿土与环刀的合重(g)；
 $M$——环刀质量(g)；
 $K$——水分换算系数。

（注：此步骤也可根据实验八中的方法进行，计算时只需将下列公式中的 $(M_3 - M) \times K$ 用环刀内烘干土质量直接代替即可。）

(3) 土壤饱和持水量 $M_7$

$$M_7(\text{g} \cdot \text{kg}^{-1}) = \frac{(M_1 - M) - (M_3 - M) \times K}{(M_3 - M) \times K} \times 1\,000 \tag{9-3}$$

式中 $M_1$——浸入水中 12 h 后环刀内湿土与环刀的合重(g)；
 其余符号意义同前。

$$M_7(\text{mm}) = \frac{0.01 \times \text{土层厚度(cm)} \times \text{土壤密度}(\text{g} \cdot \text{cm}^{-3}) \times \text{土壤饱和持水量}(\text{g} \cdot \text{kg}^{-1})}{\text{水的密度}(\text{g} \cdot \text{cm}^{-3})}$$

$$\tag{9-4}$$

(4) 土壤毛管持水量 $M_8$

$$M_8(\text{g} \cdot \text{kg}^{-1}) = \frac{(M_2 - M) - (M_3 - M) \times K}{(M_3 - M) \times K} \times 1\,000 \tag{9-5}$$

式中　$M_2$——放置 2 h 后环刀内湿土与环刀的合重(g);

其余符号意义同前。

$$M_8(\text{mm}) = \frac{0.01 \times 土层厚度(\text{cm}) \times 土壤密度(\text{g}\cdot\text{cm}^{-3}) \times 土壤毛管持水量(\text{g}\cdot\text{kg}^{-1})}{水的密度(\text{g}\cdot\text{cm}^{-3})} \tag{9-6}$$

(5)土壤田间持水量 $M_9$

$$M_9(\text{g}\cdot\text{kg}^{-1}) = \frac{(M_3 - M) - (M_3 - M) \times K}{(M_3 - M) \times K} \times 1\,000 = \frac{1-K}{K} \times 1\,000 \tag{9-7}$$

$$M_9(\text{mm}) = \frac{0.01 \times 土层厚度(\text{cm}) \times 土壤密度(\text{g}\cdot\text{cm}^{-3}) \times 土壤田间持水量(\text{g}\cdot\text{kg}^{-1})}{水的密度(\text{g}\cdot\text{cm}^{-3})} \tag{9-8}$$

## 七、注意事项

(1)测定土壤饱和持水量将环刀土柱浸入水中时,水面切勿淹没土柱(应使水面低于环刀口上沿 1~2 mm),以利于土中空气的排出。

(2)浸湿后的环刀土柱放置在干沙盘上时,要按实,保证与沙接触良好。称量前,应用干毛巾将环刀上沾的沙子擦掉。

## 八、思考题

(1)土壤毛管持水量与田间持水量有何不同?

(2)测定土壤饱和持水量的时候,为什么环刀不能没入水面以下?

# 实验十　土壤机械组成分析与质地确定

## 一、目的意义

土壤机械组成是指土壤中各粒级的相对含量,根据机械组成划分的土壤类型即为土壤质地。土壤质地是一种较为稳定的土壤自然属性,但它对土壤水、热、气、肥的协调与稳定有着重要影响,同时也对土壤易耕性产生较大作用。通过实验,要求学生了解机械分析的测定原理、方法,并学会确定质地名称。

## 二、方法选择

土壤学中常用的分析方法有吸管法、常规比重计法和简易比重计法。吸管法测定的结果较为准确,但需要专门的仪器设备,操作繁琐;常规比重计法要求仪器设备简单、操作方便,但需要较长的测定时间,且必须测定至少两个粒级的含量,才能确定土壤质地;相比之下,简易比重计法的原理、设备与常规比重计法相同,但简便、快捷,只需获得一个粒级的含量,即可粗略确定土壤质地。本实验采用简易比重计法。

## 三、实验原理

自然土壤是以复粒形式存在的,以物理的、化学的方法进行分散处理,使其呈单粒状态,按粒径大小进行筛分后,按粒级加以定量,即可求出土壤机械组成。

比重计法的测定是以斯托克斯定律为依据设计的,根据斯托克斯(G. G. Stokes,1845)定律,土粒在介质(水)中沉降,其沉降速度与土粒半径的平方呈正比,而与介质的黏滞系数成反比。土粒粒径越大,其沉降速度越快。水的黏滞系数受温度影响,水温越高,水的黏滞系数越小,土粒沉降速度越快;反之则相反。斯托克斯定律表示如下:

$$V = \frac{2}{9}gr^2 \cdot \frac{d_1 - d_2}{\eta} \qquad (10\text{-}1)$$

式中　$V$——半径为 $r$ 的颗粒在介质中沉降的速度($cm \cdot s^{-1}$);

　　　$g$——重力加速度($cm \cdot s^{-2}$);

　　　$r$——沉降土粒的半径(cm);

　　　$d_1$——沉降土粒的密度($cm \cdot s^{-3}$);

　　　$d_2$——介质的密度($cm \cdot s^{-3}$);

　　　$\eta$——介质的黏滞系数[$(10^{-5}N \cdot s) \cdot cm^{-2}$]。

将土粒分散成单粒并置于沉降筒中制备成悬浊液做自由沉降,土粒沉降的距离 $S$ 与沉降的速度 $V$ 和时间 $t$ 呈正比($S = V \cdot t$)。在不同时间,用鲍氏比重计(又称甲种比重计)测量悬液比重,读数即为在比重计浮泡中心所处深度的悬液中的土粒含量。按斯托克斯公式算出不同温度条件下，某粒径土粒越过该深度（悬液中浮泡中心位置）所需沉降时间，按该时间测量悬液比重计值，读数即为每升悬液中所含小于该粒径土粒的重量（比重计刻度单位：$g \cdot L^{-1}$）。进一步求出该土壤中各粒级的含量，即为土壤的机械组成，并进一步确定土壤质地名称。

## 四、实验器具

鲍氏比重计（甲种）、温度计、计时钟、橡皮头玻璃棒、搅拌棒、沉降筒（1 000 mL 量筒）、分析天平、烘箱、干燥器、铝盒、小铜筛（0.1 mm）、电热板、小量筒（10 mL）等。

## 五、试剂配制

(1) 0.5 $mol \cdot L^{-1}$ 氢氧化钠溶液：称取氢氧化钠（NaOH，化学纯）20 g，加蒸馏水溶解后，定容至 1 000 mL，摇匀。

(2) 0.25 $mol \cdot L^{-1}$ 草酸钠溶液：称取草酸钠（$Na_2C_2O_4$，化学纯）33.5 g，加蒸馏水溶解后，定量至 1 000 mL，摇匀。

(3) 0.5 $mol \cdot L^{-1}$ 六偏磷酸溶液：称取六偏磷酸钠[$(NaPO_3)_6$，化学纯]51 g，加蒸馏水溶解后，定容至 1 000 mL，摇匀。

(4) 将 200 mL 2% 的碳酸钠加入 15 L 自来水中，待静置一夜后，上清液即为软水。

## 六、操作步骤

(1) 称取过 2 mm 孔筛相当于烘干土 20 g 的风干土样置于小烧杯中，然后加入分散剂湿润土壤，使土粒分散成单粒状态以便制备悬浮液（约 15 mL）（酸性土壤加 0.5 $mol \cdot L^{-1}$ NaOH，石灰性土壤加 0.5 $mol \cdot L^{-1}$ 六偏磷酸钠，中性土壤加 0.25 $mol \cdot L^{-1}$ 草酸钠）。

(2) 静置 30 min 后，用橡皮头玻璃棒（带橡皮一端）研磨土样 15～20 min，同时在 1 000 mL 量筒中加入 5 mL 分散剂。

(3) 把烧杯中的土样用蒸馏水（软水）通过放在量筒上 0.1 mm 孔径的洗筛洗入其中，至过筛的水透明为止，加水至刻度（筛上残留的土壤，仔细洗入小烧杯中。在电热砂浴上蒸干，再经烘干过 0.5 mm 及 0.25 mm 孔筛，分别称重，计算 >0.5 mm，>0.25 mm 及 >0.1 mm 的粒组质量）。

(4) 测悬液温度，参照表 10-4，查出不同温度下不同粒径沉降所需时间，用沉降棒上下搅拌 1 min（下至筒底，上至液面，起落约 30 次），取出沉降棒，立即计时。在规定时间前 20 s 将比重计轻轻放入沉降筒中心，到达规定时间，立即准确读取比重计数值（比重计与水平面相交处弯月面上缘）。

(5) 由于分散剂引起悬液比重增加，因此需做空白校正（除不加土样外，均按样品分散处理和制备悬液时使用的分散剂和水质加入沉降筒中，保持在与样本相同的条件下，读取的比重计数值）。

(6) 由于比重计刻度是以 20 ℃ 为标准的，低于或高于此温度均会引起悬液黏滞度的改变，从而影响土粒的沉降，因此需进行温度校正，其校正值可从表 10-3 查得。

## 七、结果记录与计算

1. 结果记录

将实验结果记录于表10-1～表10-3中。

表10-1  各级土粒含量测定及质地确定表　　　　悬液温度：＿＿（℃）

土样名称：　　　　　采集地点：　　　　　层次深度：　　　　　粒径：

| 粒径 | 测定时间 | 空白读数 | 比重计读数 | 校正后读数 | 土壤机械组成(%) | | 质地名称 |
|---|---|---|---|---|---|---|---|
| <0.05 mm | | | | | >0.01 | <0.01 | |
| <0.01 mm | | | | | 1.0~0.1 | 0.01~0.005 | |
| <0.005 mm | | | | | 0.1~0.05 | 0.005~0.001 | |
| <0.001 mm | | | | | 0.05~0.01 | <0.001 | |

测定日期：　　　　　　　　　　　测定人：

表10-2  卡庆斯基简明系统土壤质地测定记录表

土样名称：　　　　　采集地点：　　　　　层次深度：　　　　　粒径：

| 粒径 | 重复 | 测定时间 | 空白读数 | 比重计读数 | 校正后读数 | 土壤机械组成(%) | | 质地名称 |
|---|---|---|---|---|---|---|---|---|
| <0.01 mm | 1 | | | | | 物理性砂粒 >0.01 mm | 物理性黏粒 <0.01 mm | |
| | 2 | | | | | | | |
| | 3 | | | | | | | |

测定日期：　　　　　　　　　　　测定人：

表10-3  小于某粒径颗粒沉降时间表（简易比重计用）

| 温度(℃) | <0.05 mm | | | <0.01 mm | | | <0.005 mm | | | <0.001 mm | | |
|---|---|---|---|---|---|---|---|---|---|---|---|---|
| | 时 | 分 | 秒 | 时 | 分 | 秒 | 时 | 分 | 秒 | 时 | 分 | 秒 |
| 6 | | 1 | 25 | | 40 | | 2 | 50 | | 48 | | |
| 7 | | 1 | 23 | | 38 | | 2 | 45 | | 48 | | |
| 8 | | 1 | 20 | | 37 | | 2 | 40 | | 48 | | |
| 9 | | 1 | 18 | | 36 | | 2 | 30 | | 48 | | |
| 10 | | 1 | 18 | | 35 | | 2 | 25 | | 48 | | |
| 11 | | 1 | 15 | | 34 | | 2 | 25 | | 48 | | |
| 12 | | 1 | 12 | | 33 | | 2 | 20 | | 48 | | |
| 13 | | 1 | 10 | | 32 | | 2 | 15 | | 48 | | |
| 14 | | 1 | 10 | | 31 | | 2 | 15 | | 48 | | |
| 15 | | 1 | 8 | | 30 | | 2 | 15 | | 48 | | |
| 16 | | 1 | 6 | | 29 | | 2 | 5 | | 48 | | |
| 17 | | 1 | 5 | | 28 | | 2 | 0 | | 48 | | |
| 18 | | 1 | 2 | | 27 | 30 | 1 | 55 | | 48 | | |

（续）

| 温度(℃) | <0.05 mm 时 | 分 | 秒 | <0.01 mm 时 | 分 | 秒 | <0.005 mm 时 | 分 | 秒 | <0.001 mm 时 | 分 | 秒 |
|---|---|---|---|---|---|---|---|---|---|---|---|---|
| 19 |  | 1 | 0 |  | 27 |  | 1 | 55 |  |  | 48 |  |
| 20 |  |  | 58 |  | 26 |  | 1 | 50 |  |  | 48 |  |
| 21 |  |  | 56 |  | 26 |  | 1 | 50 |  |  | 48 |  |
| 22 |  |  | 55 |  | 25 |  | 1 | 50 |  |  | 48 |  |
| 23 |  |  | 54 |  | 24 | 30 | 1 | 45 |  |  | 48 |  |
| 24 |  |  | 54 |  | 24 |  | 1 | 45 |  |  | 48 |  |
| 25 |  |  | 53 |  | 23 | 30 | 1 | 40 |  |  | 48 |  |
| 26 |  |  | 51 |  | 23 |  | 1 | 35 |  |  | 48 |  |
| 27 |  |  | 50 |  | 22 |  | 1 | 30 |  |  | 48 |  |
| 28 |  |  | 48 |  | 21 | 30 | 1 | 30 |  |  | 48 |  |
| 29 |  |  | 46 |  | 21 |  | 1 | 30 |  |  | 48 |  |
| 30 |  |  | 45 |  | 20 |  | 1 | 28 |  |  | 48 |  |
| 31 |  |  | 45 |  | 19 | 30 | 1 | 25 |  |  | 48 |  |
| 32 |  |  | 45 |  | 19 |  | 1 | 25 |  |  | 48 |  |

注：为简便，可直接用甲种比重计在搅拌完毕分别静置1 min、5 min、8 h后测定，分别得到粒径为小于0.05 mm、0.02 mm、0.002 mm的土壤比重计读数。

**表10-4 甲种比重计温度校正表**

| 温度(℃) | 校正值 | 温度(℃) | 校正值 | 温度(℃) | 校正值 | 温度(℃) | 校正值 |
|---|---|---|---|---|---|---|---|
| 6.0~8.0 | -2.2 | 16.0 | -1.0 | 21.5 | +0.45 | 27.0 | +2.5 |
| 9.0~9.5 | -2.1 | 16.5 | -0.9 | 22.0 | +0.6 | 27.5 | +2.6 |
| 10.0~10.5 | -2.0 | 17.0 | -0.8 | 22.5 | +0.8 | 28.0 | +2.9 |
| 11.0 | -1.9 | 17.5 | -0.7 | 23.0 | +0.9 | 28.5 | +3.1 |
| 11.5~12.0 | -1.8 | 18.0 | -0.5 | 23.5 | +1.1 | 29.0 | +3.3 |
| 12.5 | -1.7 | 18.5 | -0.4 | 24.0 | +1.3 | 29.5 | +3.5 |
| 13.0 | -1.6 | 19.0 | -0.3 | 24.5 | +1.5 | 30.0 | +3.7 |
| 13.5 | -1.5 | 19.5 | -0.1 | 25.0 | +1.7 | 30.5 | +3.8 |
| 14.0~14.5 | -1.4 | 20.0 | 0 | 25.5 | +1.9 | 31.0 | +4.0 |
| 15.0 | -1.2 | 20.5 | +0.15 | 26.0 | +2.1 | 31.5 | +4.2 |
| 15.5 | -1.1 | 21.0 | +0.3 | 26.5 | +2.2 | 32.0 | +4.6 |

**2. 计算公式**

(1) 各级土粒含量计算

校正后比重计读数 = 比重计实测读数 - (空白读数 + 湿度校正值)　　　　(10-2)

$$\text{黏粒}(<0.001\text{ mm})(\%) = \frac{<0.001\text{ mm 粒级比重计校正后读数}}{\text{烘干土质量}} \times 100 \qquad (10\text{-}3)$$

$$\text{细粒砂}(0.001\sim 0.005\text{ mm})(\%) = \frac{\substack{<0.005\text{ mm 粒级比重计} \\ \text{校正后读数}} - \substack{<0.001\text{ mm 粒级比重计} \\ \text{校正后读数}}}{\text{烘干土质量}} \times 100 \qquad (10\text{-}4)$$

$$\text{中粉砂}(0.005\sim 0.01\text{ mm})(\%) = \frac{\substack{<0.01\text{ mm 粒级比重计} \\ \text{校正后读数}} - \substack{<0.005\text{ mm 粒级比重计} \\ \text{校正后读数}}}{\text{烘干土质量}} \times 100 \qquad (10\text{-}5)$$

$$\text{粗粉砂}(0.01\sim 0.05\text{ mm})(\%) = \frac{\substack{<0.05\text{ mm 粒级比重计} \\ \text{校正后读数}} - \substack{<0.01\text{ mm 粒级比重计} \\ \text{校正后读数}}}{\text{烘干土质量}} \times 100 \qquad (10\text{-}6)$$

$$\text{粗砂与中砂}(1\sim 0.25\text{ mm})(\%) = \frac{1\sim 0.25\text{ mm 土粒烘干质量}}{\text{烘干土质量}} \times 100 \qquad (10\text{-}7)$$

$$\text{细砂}(0.05\sim 0.25\text{ mm})(\%) = 100\% - \text{上述五种土粒百分数之和} \qquad (10\text{-}8)$$

(2) 卡庆斯基制

$$\substack{<0.01\text{ mm 的物理性} \\ \text{黏粒含量}(\%)} = \frac{\text{比重计实测读数}(g) - (\text{空白校正值} + \text{温度校正值})(g)}{\text{烘干土质量}(g)} \times 100 \qquad (10\text{-}9)$$

（注：比重计实测读数为粒径 <0.01 mm 的简易比重计测定值。）

3. 土壤质地名称的确定

土壤质地分类标准现行的中国质地分类见表10-5，可根据实测结果进行选择查表，确定土壤质地名称，并注明所采用的分类制。

表 10-5  卡庆斯基土壤质地分类表

| <0.01 mm 物理性黏粒(%) | >0.01 mm 物理性砂粒(%) | 土壤质地名称 | <0.01 mm 物理性黏粒(%) | >0.01 mm 物理性砂粒(%) | 土壤质地名称 |
| --- | --- | --- | --- | --- | --- |
| 0~5 | 100~95 | 粗砂土 | 40~50 | 60~50 | 重壤土 |
| 5~10 | 95~90 | 细砂土 | 50~60 | 50~40 | 轻黏土 |
| 10~20 | 90~80 | 砂壤土 | 60~70 | 40~30 | 中黏土 |
| 20~30 | 80~70 | 轻壤土 | >80 | <20 | 重黏土 |
| 30~40 | 70~60 | 中壤土 | | | |

## 八、注意事项

(1) 如土壤中含有机质较多，应预先用6%的过氧化氢处理，直至无气泡发生为止，以除去有机质，过量的过氧化氢可在加热中除去。

(2) 如果土壤中含有大量的可溶性盐或碱性很强，应预先进行必要的淋洗，以脱除盐类或碱类。

(3) 为了保证颗粒作独立匀速沉降，必须充分分散，搅拌时上下速度要均匀，不应有涡流产生；悬液的浓度最好 <3%，最大不能超过 5%，悬液过浓，颗粒互相碰撞的机会增多。

(4) 由于介质的密度和黏滞系数以及比重计浮泡的体积均受温度的影响，实验最好在恒温条件下进行。

## 九、思考题

(1) 测定土壤机械组成的时候，为什么要进行土粒分散处理？

(2) 土壤质地名称是怎么确定的？

# 实验十一  土壤大团聚体组成的测定

## 一、目的意义

土壤结构是土壤肥力的综合反映，是鉴定土壤肥力的标志之一。土壤团聚体是土壤结构的基本单元和重要参数，对土壤的孔隙性、通气透水性、保土抗蚀性等物理性质以及土壤碳、氮循环、养分积蓄与释放等化学性质均有影响。土壤大团聚体通常是指直径大于 0.25 cm 的团聚体，它是土壤结构的主要组成部分。对土壤大团聚体组成数量和质量的分析测定，可正确全面地评定土壤肥力状况。

## 二、方法选择

土壤团聚体测定常用方法为干筛法和湿筛法。本实验采用干筛法测定土壤中各级团聚体组成，采用湿筛法测定水稳性团聚体的组成，这两种方法均适用于森林土壤以及与林业生产有关的土壤研究。通过实验要求学生初步掌握测定的原理及方法，并了解大团聚体在生产上的意义。

## 三、实验原理

土壤中各级大团聚体的组成测定是将土壤放在由不同孔径组成的一套筛子上进行干筛，然后计算各粒径大团聚体的百分组成。水稳性大团聚体组成的测定，是将土样放在同样的一套筛子上，然后在水中浸泡、冲洗一定时间，再计算各级水稳性大团聚体风干百分数和各级水稳性大团聚体含量占总水稳性大团聚体含量的百分数。

## 四、实验器具

团粒分析仪、土壤筛组（每套筛子孔径为 5.0 mm、2.0 mm、1.0 mm、0.5 mm、0.25 mm）、天平（感量 0.01 g）、铝盒、电热板、洗瓶等。

## 五、操作步骤

1. 样品的采集及处理

样品的采集及处理是整个分析过程中的主要环节，包括野外采样及室内剥样两个步骤。

(1) 野外采样时土壤不宜过干或过湿，最好不黏附工具，接触不变形。采样面积为 10 $cm^2$，深度视需要而定，自上而下分层采取。一般耕作层取样不少于 10 个点，以保证具有代表性。小心不使土块受挤压，以保证结构不变形为原则。一个样品要采集 1.5~2.0 g，放在固定容器内运回室内。

(2) 室内剥样是将带回来的样品进行风干。当样品稍干时，将土块沿自然结构轻轻地分成直径约 10 mm 的小块,挑去石块、石砾及明显的根系,风干(不宜太干)备用。

2. 干筛法测定方法

(1)将团粒分析仪的筛组(孔径为 5.0 mm、2.0 mm、1.0 mm、0.5 mm、0.25 mm)按筛孔由大到小自上而下套好。

(2)将风干土 1.5 kg(至少不少于 500 g)分几次倒在筛组的最上层,每次数量为 100～200 g,加盖,用手摇动筛组,使土壤团聚体按其大小筛到下面的筛子内。当小于 5 mm 的团聚体全部被筛到下面的筛子内后,拿走 5 mm 筛,用手摇动其余 4 个筛子。当小于 2 mm 的团聚体全部被筛下去后,拿走 2 mm 的筛子。按上法继续筛同一样品的其他粒级部分。将每次筛出来的各级团聚体中相同粒径的放在一起,分别称量它们的风干土质量(精确至 0.01 g),求出它们的百分含量。

3. 湿筛法测定方法

(1)根据干筛法求得的各级团聚体的百分含量,把干筛分取的风干样品按比例配制 50 g。例如,样品 3.0～5.0 mm 粒级干筛法含 20%,则分配该级称样量为 50 g×20% = 10 g;若 0.5～1.0 mm 的粒级干筛法含量为 5%,则分配该级称样量为 50 g×5% = 2.5 g。其余依此类推。

(2)为防止湿筛时堵塞筛孔,故不能将小于 0.25 mm 的团聚体倒入准备湿筛的样品中,但计算取样数量和其他计算中都需包含这一数值。

(3)将孔径为 5.0 mm、2.0 mm、1.0 mm、0.5 mm、0.25 mm 的筛组从小到大向上叠好,然后将已称好的样品置于筛上。

(4)将筛组置于团粒分析仪的震荡架上,放入已经加水的水桶中,水的高度至筛组最上面一个筛子的上缘部分,在团粒分析仪工作时的整个振荡过程中,任何时候都不可超离水面。

(5)开动马达,振荡 30 min。

(6)将振荡架慢慢升起,使筛组离开水面,待水淋干后,将留在各级筛上的团聚体洗入已知质量的铝盒中,倾去上部清液。

(7)将铝盒中各级水稳性大团聚体放在电热板上烘干,然后在大气中放置一昼夜,使呈风干状态,称量(精确至 0.01 g)。

## 六、结果记录与计算

1. 结果记录

将实验结果记录于表 11-1 至表 11-3。

表 11-1 干筛法测定土壤中各级团聚体含量结果记录表

土样名称:　　　　　采集地点:　　　　　层次深度:

| 项目 | 粒径(mm) | | | | | |
| --- | --- | --- | --- | --- | --- | --- |
| | >5.0 | 5.0～2.0 | 2.0～1.0 | 1.0～0.5 | 0.5～0.25 | <0.25 |
| 质量(g) | | | | | | |
| 占总质量的含量(%) | | | | | | |
| 总土质量(g) | | | | | | |

测定日期:　　　　　　　　　　　　　测定人:

**表 11-2 湿筛法分析结果记录表**

土样名称：　　　　　采集地点：　　　　　层次深度：

| 项　目 | 粒径(mm) | | | | | >0.25 mm 团聚体总数 |
| --- | --- | --- | --- | --- | --- | --- |
| | >5.0 | 5.0~2.0 | 2.0~1.0 | 1.0~0.5 | 0.5~0.25 | |
| 重复1 | | | | | | |
| 重复2 | | | | | | |
| 两次重复之和 | | | | | | |
| 平均值 | | | | | | |

测定日期：　　　　　　　　　　　　　　　　　测定人：

**表 11-3 湿筛法各级水稳性大团聚体测定结果记录表**

土样名称：　　　　　采集地点：　　　　　层次深度：

| 团聚体粒级(mm) | 铝盒号 | | 铝盒+土质量(g) | | 铝盒质量(g) | | 各级团聚体质量(g) | | 各级团聚体占土质量的百分率(%) | | 各级团聚体占总团聚体的百分率(%) | |
| --- | --- | --- | --- | --- | --- | --- | --- | --- | --- | --- | --- | --- |
| | 1 | 2 | 1 | 2 | 1 | 2 | 1 | 2 | 1 | 2 | 1 | 2 |
| >5 | | | | | | | | | | | | |
| 5~2 | | | | | | | | | | | | |
| 2~1 | | | | | | | | | | | | |
| 1~0.5 | | | | | | | | | | | | |
| 0.5~0.25 | | | | | | | | | | | | |
| 团聚体总质量(g) | | | | | | | | | | | | |
| 总团聚体占土样的百分率(%) | | | | | | | | | | | | |

测定日期：　　　　　　　　　　　　　　　　　测定人：

2. 计算公式

(1) 各级大团聚体组成含量(%) = $\dfrac{各级大团聚体风干含量(g)}{风干土含量(g)} \times 100$ 　　(11-1)

各级大团聚体组成含量(%)的总和为总大团聚体含量(%)。

(2) 各级大团聚体含量占总大团聚体含量(%) = $\dfrac{各级大团聚体组成含量(g)}{总大团聚体组成含量(g)} \times 100$

(11-2)

(3) 各级水稳性大团聚体含量(%) = $\dfrac{各级水稳性大团聚体风干质量(g)}{风干土样质量(g)} \times 100$

(11-3)

各级水稳性大团聚体含量(%)的总和为总水稳性大团聚体含量(%)。

$$(4)\frac{\text{各级水稳性大团聚体含量占}}{\text{总水稳性大团聚体含量}(\%)}=\frac{\text{各级水稳性大团聚体含量}(g)}{\text{总水稳性大团聚体含量}(g)}\times100 \qquad (11\text{-}4)$$

## 七、注意事项

(1)干筛法测定的土样不宜太干或太湿，以潮润为适度，即土壤不黏铲子、用手捻时土块能捻碎、放在筛子上时又不黏在筛子上为宜。

(2)在进行湿筛时，应将土样均匀地分布在整个筛面上。

(3)必须进行平行重复试验 2~5 次，平行绝对误差应不超过 3%。

## 八、思考题

(1)测定土壤的大团聚体是按土壤剖面层次分层进行的吗？

(2)干筛法与湿筛法测定有何不同？意义何在？

# 实验十二　土壤有机碳分析与有机质换算

## 一、目的意义

有机质是土壤的重要组成部分，其含量虽少，但在土壤肥力上起重要作用。土壤有机质是土壤中各种营养元素特别是碳、氮、磷的重要来源。土壤有机质可改善土壤的理化性状，对土壤中水、肥、气、热等各种肥力因素起着重要的调节作用。土壤有机质含量的高低是评价土壤肥力的重要指标之一，测定有机质含量对于了解土壤肥力状况有着重要的意义。

土壤有机碳是土壤碳库的重要组成部分，研究土壤有机碳对研究全球碳循环、温室效应具有重要意义。

## 二、方法选择

测定土壤有机质的方法很多，有质量法、滴定法和比色法等。质量法包括古老的干烧法和湿烧法，此法对于不含碳酸盐的土壤测定结果准确，但由于该方法要求特殊的仪器设备、操作烦琐、费时间，因此一般不作例行方法来应用。滴定法中使用最广泛的是重铬酸钾容量法，该法不需要特殊的仪器设备，操作简便、快速、测定不受土壤中碳酸盐的干扰，测定的结果比较准确。

重铬酸钾容量法根据加热的方式不同，又分为外热源法（Schollenberger 法）和稀释热法（Walkley-Baclk 法），前者操作不如后者简便，但有机质的氧化比较完全（是干烧法的 90%~95%），精密度较高。稀释热法操作较简便，但有机质氧化程度较低（是干烧法的 70%~86%），测定受室温的影响大。

土壤有机碳分析的经典方法为重铬酸钾容量法—外加热法，本实验主要采用此方法。但随着科技的发展，分析测试技术的进步，先进试验仪器的引入和普及，很多实验室配备了 TOC 仪器，因此，土壤总有机碳测定也可借助 TOC 仪器进行测定。

## 三、实验原理

重铬酸钾容量法—外加热法的实验原理为：在外加热源的条件下，用一定量过量的标准重铬酸钾-硫酸溶液氧化土壤有机质（碳），剩余的重铬酸钾用标准硫酸亚铁还原剂来滴定。由消耗的重铬酸钾量计算有机碳的含量，再间接计算有机质的含量。

氧化和滴定时的化学反应式如下：

$$2K_2Cr_2O_7 + 8H_2SO_4 + 3C \Longrightarrow 2K_2SO_4 + 2Cr_2(SO_4)_3 + 3CO_2 + 8H_2O$$

$$K_2Cr_2O_7 + 6FeSO_4 + 7H_2SO_4 \Longrightarrow K_2SO_4 + Cr_2(SO_4)_3 + 3Fe_2(SO_4)_3 + 7H_2O$$

## 四、实验器具

油浴消化装置（包括油浴锅和铁丝笼）、矿物油或植物油、可调温电炉、分析天平（感量 0.000 1 g)、硬质试管、温度计(0～300℃)、秒表、酸式滴定管、洗瓶、三角瓶(250 mL)、小漏斗等。

## 五、试剂配制

(1) 0.8 mol·L$^{-1}$(1/6K$_2$Cr$_2$O$_7$)标准溶液：称取经130℃烘3h的K$_2$Cr$_2$O$_7$(分析纯) 39.224 5 g，溶于蒸馏水中，定容至1 000 mL，贮于试剂瓶中备用。

(2) 浓硫酸(H$_2$SO$_4$，分析纯)。

(3) 0.2 mol·L$^{-1}$ FeSO$_4$溶液：称取FeSO$_4$·7H$_2$O(化学纯)56.0 g溶于蒸馏水中，加浓硫酸5 mL，加水稀释至1 000 mL，现配现用。

(4) 0.1 mol·L$^{-1}$ K$_2$Cr$_2$O$_7$(1/6 K$_2$Cr$_2$O$_7$)标准溶液：准确称取经130℃下烘3h的K$_2$Cr$_2$O$_7$ 4.903 3 g，溶于少量蒸馏水中，缓慢加入70 mL浓H$_2$SO$_4$，冷却后定容至1 000 mL。

(5) 邻菲罗啉指示剂：称取邻菲罗啉(C$_{12}$H$_8$N$_2$，分析纯)1.485 g和FeSO$_4$·7H$_2$O 0.695 g溶于100 mL蒸馏水中，贮于棕色瓶内。

## 六、操作步骤

(1) 称取通过0.25 mm筛孔的风干土样0.1～1 g(精确至0.000 1 g)，放入干燥的硬质试管中，用移液管准确加入0.8 mol·L$^{-1}$(1/6K$_2$Cr$_2$O$_7$)溶液5.00 mL，然后再加入浓硫酸5.00 mL，摇动试管使土液充分混匀。在试管口上加盖一小漏斗，以冷凝加热时逸出的水汽。

(2) 将8～10个试管置于铁丝笼中(每笼中均有2～3个空白)，放入温度为185～190 ℃的油浴锅中，控制油浴锅内温度始终维持在170～180 ℃，待试管内液体沸腾(发生气泡)时开始计时，煮沸5 min，取出试管(稍冷，擦净试管外部油液)。

(3) 冷却后，将试管内容物倾入250 mL三角瓶中，用蒸馏水少量多次洗净试管内部及小漏斗，冲洗液同样倾入三角瓶，控制三角瓶内溶液总体积为60～70 mL，保持混合液中(1/2H$_2$SO$_4$)浓度为2～3 mol·L$^{-1}$，然后加入邻菲罗啉指示剂2滴，此时溶液呈棕红色。以FeSO$_4$滴定三角瓶内的混合溶液，溶液的变色过程中由橙黄→蓝绿→砖红色即为终点。记取FeSO$_4$滴定毫升数$V$。

(4) 每一批(即上述每铁丝笼中)样品测定的同时，进行2～3个空白试验，即取少许二氧化硅代替土样，其他操作与试样测定相同。记取FeSO$_4$滴定毫升数$V_0$，取其平均值。

## 七、结果记录与计算

1. 结果记录

将实验结果记录于表12-1。

表 12-1　土壤有机碳测定结果记录表

土样名称：　　　　采集地点：　　　　层次深度：　　　　粒径：

| 项目 | 重复次数 | | | |
|---|---|---|---|---|
| | 1 | 2 | 3 | 空白 |
| 称样质量(g) | | | | |
| 重铬酸钾标准溶液加入的体积(mL) | | | | |
| 空白滴定用去 $FeSO_4$ 体积(mL) | | | | |
| 样品滴定用去 $FeSO_4$ 体积(mL) | | | | |
| 土壤有机碳($g \cdot kg^{-1}$) | | | | |
| 平均值($g \cdot kg^{-1}$) | | | | |

测定日期：　　　　　　　　　　　测定人：

2. 计算公式

土壤有机碳和土壤有机质含量依据下列公式计算，并根据计算结果对照表 12-2 得出土壤肥力。

$$土壤有机碳(g \cdot kg^{-1}) = \frac{\frac{c \times 5}{V_0} \times (V_0 - V) \times 10^{-3} \times 3.0 \times 1.1}{m \times K} \times 1\,000 \quad (12\text{-}1)$$

$$土壤有机质(g \cdot kg^{-1}) = 土壤有机碳量 \times 1.724 \quad (12\text{-}2)$$

式中　$c$——0.800 0 $mol \cdot L^{-1}$(1/6 $K_2Cr_2O_7$)标准溶液的浓度；

　　　5——重铬酸钾标准溶液加入的体积(mL)；

　　　$V_0$——空白滴定用去 $FeSO_4$ 体积(mL)；

　　　$V$——样品滴定用去 $FeSO_4$ 体积(mL)；

　　　3.0——1/4 碳原子的摩尔质量($g \cdot mol^{-1}$)；

　　　$10^{-3}$——将 mL 换算为 L；

　　　1.1——氧化校正系数，由于该方法对土壤有机质的氧化约为 90%。故测定结果还应乘以校正系数 100/90 = 1.1；

　　　1.724——土壤有机质平均含碳量为 58%，要换算成有机质则应乘以 100/58 = 1.724；

　　　$m$——风干土样质量(g)；

　　　$K$——风干土样换算成烘干土的系数。

表 12-2　土壤有机质含量与土壤肥力的关系表

| 土壤有机质含量($g \cdot kg^{-1}$) | >20 | 15~20 | 10~15 | 5~10 | <5 |
|---|---|---|---|---|---|
| 土壤肥力 | 高肥力地 | 上等肥力地 | 中等肥力地 | 低肥力地 | 薄沙地 |

# 八、注意事项

(1)有机质含量高于 50 $g \cdot kg^{-1}$ 的，称土样 0.1 g，有机质含量高于 20~30 $g \cdot kg^{-1}$ 的，

称土样 0.3 g，有机质含量少于 20 g·kg$^{-1}$ 的，称土样 0.5 g 以上。由于称样量少，称样时应用减重法以减少称样误差。

(2) 土壤中氯化物的存在会使结果偏高。由于氯化物也能被重铬酸钾所氧化，因此，盐土中有机质的测定必须防止氯化物的干扰，少量氯可加少量 $Ag_2SO_4$，使氯根沉淀下来（生成 AgCl）。$Ag_2SO_4$ 的加入，不仅能沉淀氯化物，而且能促进有机质分解。据研究，当使用 $Ag_2SO_4$ 时，校正系数为 1.04，不使用 $Ag_2SO_4$ 时，校正系数为 1.1。$Ag_2SO_4$ 的用量不能太多，约加 0.1 g，否则生成 $Ag_2Cr_2O_7$ 沉淀，影响滴定。

(3) 对于水稻土、沼泽土和长期渍水的土壤，由于土壤中含有较多的 $Fe^{2+}$、$Mn^{2+}$ 及其他还原性物质，它们也消耗 $K_2Cr_2O_7$，可使结果偏高，对这些样品必须在测定前充分风干。一般可把样品磨细后，铺成薄薄一层，在室内通风处风干 10 天左右即可使 $Fe^{2+}$ 全部氧化。长期沤水的水稻土，虽经几个月风干处理，样品中仍有亚铁存在，对这种土壤，最好采用铬酸磷酸湿烧——测定二氧化碳法。

(4) 在测定石灰性土壤样品时，也必须慢慢加入 $K_2Cr_2O_7$ 和 $H_2SO_4$ 溶液，以防止由于碳酸钙的分解而引起激烈发泡。

(5) 油浴锅最好不采用植物油，因为它可被重铬酸钾氧化，从而可能带来误差。而矿物油或石蜡对测定无影响。当气温很低时，油浴锅预热温度应高一些（约 200℃）。铁丝笼必须有脚，以使试管不与油浴锅底部接触。

(6) 试管内溶液表面开始沸腾时才开始计算时间。掌握沸腾的标准尽量一致，然后继续消煮 5 min，消煮时间对分析结果有较大的影响，故应尽量计时准确。

(7) 消煮好的溶液颜色，一般应是黄色或黄中稍带绿色，如果以绿色为主，则说明重铬酸钾用量不足。在滴定时消耗硫酸亚铁量小于空白用量的 1/3 时，有氧化不完全的可能，应弃去重做。

(8) 使用 TOC 仪器测定土壤有机碳的操作方法，可参见不同型号 TOC 仪器使用说明和要求。

## 九、思考题

(1) 测定土壤有机碳的影响因素有哪些？
(2) 若消煮液颜色变为近绿色，应如何处理？
(3) 土壤有机碳与有机质的换算系数为何为 1.724？

# 实验十三 土壤酶活性的测定

土壤酶是土壤生物化学反应的催化剂,它参与土壤中物质的转化过程与能量循环,促进有机质的分解。土壤中各种天然和外源有机物质的分解、转化及合成一般都是在酶的作用下完成的。因此,土壤酶活性反映了土壤中各种生物化学过程的强度和方向,是土壤肥力评价和土壤质量的重要指标。目前已发现的土壤酶约 60 种,包括水解酶类、氧化还原酶类、转化酶类和裂解酶类等多种类型。

## ——— 土壤脲酶活性测定 ———

## 一、方法选择

目前测定脲酶的常用方法主要有以下几种:

1. 比色法

以尿素为基质,根据脲酶的酶促产物——氨在碱性介质中与苯酚-次氯酸钠作用生成蓝色的靛酚,其颜色深浅与氨量相关,从而进行比色测定。此法的结果精确性较高,重现性较好。本书主要介绍靛酚蓝比色法。

2. 扩散法

将尿素水解生成的氨用带有指示剂的硼酸进行吸收,然后用标准硫酸滴定,从而测定脲酶大小。此法尿素水解是在密闭的容器中进行,常因动态平衡,氨不能从土壤中完全扩散,导致结果偏低。

3. 电极法

根据氨气敏电极测定尿素水解产物氨来表示脲酶活性。与扩散法相比,电极法具有省试剂、省时间及手续简便等优点。

4. $CO_2$ 量度法

以 $^{14}C$ 标记的尿素作为基质,测定单位时间内尿素水解产物——$H_2CO_3$ 的增加量,然后换算成 $CO_2$ 的微克分子数,而最终表示脲酶活性。由于所用基质要标记,测定中需要特殊仪器设备,因此无设备条件较难采用此法。

## 二、方法原理(靛酚比色法)

以尿素为基质,酶促水解生成的氨与酚类化合物起反应,最终生成蓝色的靛酚,颜色深浅与氨含量相关,因而用于脲酶活性的测定。土壤中脲酶活性用 100 g 土,在 37℃ 培养 24h 释放出 $NH_3$-N 的微克数来表示。

## 三、实验器具

容量瓶(1 000 mL)、容量瓶(100 mL)、容量瓶(50 mL)、恒温培养箱、分光光度计。

## 四、试剂配制

(1) 10%尿素溶液:称取尿素[$CO(NH_2)_2$,分析纯]10 g溶于100 mL蒸馏水。

(2) 甲苯($C_7H_8$,分析纯)。

(3) 柠檬酸缓冲液(pH6.7):A. 称取柠檬酸($C_6H_8O_7 \cdot H_2O$,分析纯)368 g溶于600 mL蒸馏水;B. 称取氢氧化钾(KOH,分析纯)295 g溶于1 000 mL蒸馏水中。充分冷却后将A. 与B. 合并,用1 mol·$L^{-1}$氢氧化钠调pH值至6.7,并用蒸馏水稀释至2 000 mL。

(4) 苯酚钠溶液:A. 称取苯酚($C_6H_5OH$,分析纯)62 g,溶于少量95%乙醇($CH_3CH_2OH$,分析纯)中,加入2 mL甲醇($CH_3OH$,分析纯)和18.5 mL丙酮($C_3H_6O$,分析纯),再用95%乙醇稀释至100 mL。B. NaOH 27 g溶于100 mL蒸馏水中。将此二液同时储于冰箱内(可保存6个月),使用前将A. 和B. 各取20 mL混合,用蒸馏水稀释定容至100 mL。

(5) 次氯酸钠溶液:准确吸取次氯酸钠(NaClO,分析纯)159 mL,用蒸馏水稀释定容至1 000 mL,此溶液活性氯的浓度为0.9%。

(6) 硫酸铵标准溶液配制:准确称硫酸铵[$(NH_4)_2SO_4$,分析纯]0.471 7 g溶于蒸馏水中,并稀释定容为1 L,此为每1 mL含100 μg $NH_3$-N的标准溶液。绘制标准曲线时,准确量取10 mL上述溶液,用蒸馏水稀释定容100 mL使用。

## 五、操作步骤

**1. 待测液制备**

称取10 g过1 mm孔筛的风干土样于100 mL容量瓶中(精确至0.01 g),加入2 mL甲苯(以能全部使土样湿润为度)处理15 min,往瓶中加入10 mL 10%尿素溶液和20 mL柠檬酸缓冲液(pH 6.7)。仔细混合后,将容量瓶放在37℃恒温箱中,培养24 h。与此同时,进行无土对照(不加土样,其他操作与样品测定相同)与无基质对照(以等体积的水代替基质,其他操作与样品测定相同)测定。培养23 h后,用38℃的蒸馏水稀释定容至刻度(甲苯应浮于刻度上方),仔细摇匀,再培养1 h,并将悬液用定量滤纸(慢速)过滤于三角瓶中。

**2. 显色**

吸取1 mL滤液于50 mL容量瓶中,用蒸馏水加至10 mL,充分摇荡,然后加入4 mL苯酚钠溶液,仔细混合,再加入3 mL次氯酸钠溶液,充分摇荡,放置20 min,用蒸馏水稀释至刻度,溶液呈现靛酚的蓝色。在分光光度计上用1 cm比色槽,于波长578 nm处进行比色测定,最后根据标准曲线求出氨态氮的含量。

**3. 无土对照和无基质对照**

无土对照(不加土样,其他操作与样品测定相同),无基质对照(以等体积的水代替10%尿素,其他操作与样品测定相同)。

**4. 标准曲线绘制**

分别吸取10 mg·$L^{-1}$ $NH_3$-N的标准溶液0 mL、1 mL、2 mL、3 mL、4 mL、5 mL、6 mL、8 mL、9 mL、10 mL于50 mL容量瓶中,即分别含0 μg、10 μg、20 μg、30 μg、

40 μg、50 μg、60 μg、80 μg、90 μg 和 100 μg 的 $NH_3$-N，用蒸馏水加至 10 mL。然后加入 4 mL 苯酚钠溶液，立即加入 3 mL 次氯酸钠溶液，充分摇匀，放置 20 min。显色后，定容至刻度，在分光光度计上用 1 cm 比色槽，于波长 578 nm 处进行比色测定，同时将结果记录于表 13-1 中，以标准溶液浓度为横坐标、以光密度值为纵坐标绘制曲线图。

## 六、结果记录与计算

1. 结果记录

将实验结果记录于表 13-1 中。

表 13-1　土壤脲酶活性测定结果记录表

土样名称：　　　　采集地点：　　　　层次深度：　　　　粒径：

| 项目 | | 重复次数 | | | 无土空白 | 无基质空白 |
|---|---|---|---|---|---|---|
| | | 1 | 2 | 3 | | |
| 称样质量(g) | | | | | | |
| 培养定容体积(mL) | | | | | | |
| 显色吸取量(mL) | | | | | | |
| 显色体积(mL) | | | | | | |
| 消光值 $E$ | | | | | | |
| $NH_3$-N($\mu g \cdot g^{-1}$) | | | | | | |
| 脲酶活性[$\mu g \cdot (100\ g\ 土)^{-1}$] | | | | | | |
| 平均值[$\mu g \cdot (100\ g\ 土)^{-1}$] | | | | | | |
| 相对误差 | | | | | | |
| 标准曲线测定 | $NH_3$-N($\mu g \cdot 50\ mL^{-1}$) | 0　10　20　30　40　50　60　80　90　100 | | | | |
| | 消光值 $E$ | | | | | |

测定日期：　　　　　　　　　　　测定人：

2. 计算公式

$$NH_3\text{-}N[\mu g \cdot (100\ g\ 土)^{-1}] = (X_{样品} - X_{无土} - X_{无基质}) \times 100 \times 10 \quad (13\text{-}1)$$

式中　$X_{样品}$——样品试验的消光值在标准曲线上对应的 $NH_3$-N 微克数；
　　　$X_{无土}$——无土对照试验中的消光值在标准曲线上对应的 $NH_3$-N 的微克数；
　　　$X_{无基质}$——无基质对照试验中的消光值在标准曲线上对应的 $NH_3$-N 的微克数；
　　　100——分取倍数（培养定容体积与显色吸取量的比值）；
　　　10——将 10 g 土重换算为 100 g。

## 七、注意事项

不同土壤脲酶活性相差较大，故不同土壤培养时间可适当地增长或缩短，以求得理想的实验结果。

## 八、思考题

(1) 请比较目前测定土壤脲酶活性方法的优缺点。
(2) 为什么在培养前应加入甲苯处理土壤？

## ———— 土壤蔗糖酶活性测定 ————

## 一、方法选择

测定土壤蔗糖酶活性，常用的方法有滴定法和比色法。

滴定法是基于蔗糖酶酶解所得还原糖在碱性反应中能使铜离子($Cu^{2+}$)还原为亚铜离子($Cu^+$)，后者可用过量的碘氧化，然后用标准硫代硫酸钠溶液滴定剩余的碘，从而求出还原糖的量。

比色法是基于蔗糖酶酶解所得还原糖所具有的还原性，能使磷钼酸络合物生成蓝色化合物。颜色强度与还原糖量相关，因而可用比色测定，此法较稳定，数据重现性好。

## 二、方法原理（滴定法）

以蔗糖为基质，经土壤中蔗糖酶作用后生成的还原糖（含有醛基或者酮基），在碱性反应中能使铜离子($Cu^{2+}$)还原为亚铜离子($Cu^+$)，亚铜离子($Cu^+$)可用过量的碘氧化，然后用标准硫代硫酸钠溶液滴定剩余的碘，从而求出还原糖的量。其反应过程如下：

$$5KI + KIO_3 + 3H_2SO_4 \longrightarrow 3K_2SO_4 + 3I_2 + 3H_2O$$

当有还原糖存在时能将试剂中 $Cu^{2+}$ 还原为 $Cu^+$：

$$Cu^{2+} \longrightarrow Cu^+ (Cu_2O)$$

而 $Cu^+$ 又被释放出来的游离碘所氧化，重新氧化为 $Cu^{2+}$。

$$2Cu^+ + I_2 \longrightarrow 2I^- + 2Cu^{2+}$$

上述反应本来是一种可逆反应，但因试剂中含有草酸钾，能与 $Cu^{2+}$ 结合成为络合物，使上述反应不能逆行。剩余的游离碘可用硫代硫酸钠滴定。

$$I_2 + 2S_2O_3 \longrightarrow 2I^- + S_4O_6^{2-}$$

还原的铜离子与糖量呈正比，因此还原糖的多少可以根据滴定求出的还原铜量计算得到。蔗糖酶活性，以 100 g 土壤在 37℃时培养 24 h 释放出的葡萄糖微克数表示。

## 三、实验器具

容量瓶(1 000 mL)、容量瓶(50 mL)、三角瓶(50 mL)、三角瓶(150 mL)、恒温培养箱。

## 四、试剂配置

(1) 基质 5% 蔗糖：称取蔗糖($C_{12}H_{22}O_{11}$，分析纯)5g 溶于 100 mL pH5.5 磷酸缓冲液中。

(2)甲苯($C_7H_8$，分析纯)。

(3)pH5.5 磷酸缓冲液：1/15 mol·$L^{-1}$ 磷酸二氢钠(称取分析纯 $Na_2HPO_4·2H_2O$ 11.867 g 溶于 1 L 蒸馏水中)0.5 mL 加 1/15 mol·$L^{-1}$ 磷酸二氢钾(称取分析纯 $KH_2PO_4$ 9.078 g 溶于 1L 蒸馏水中)9.5 mL。

(4)碱性铜试剂，该试剂由下列 3 种混合液组成，先将溶液(甲)倾入溶液(乙)中。边加边搅拌，再将溶液(丙)倾入，搅匀，最后稀释成 100 mL。溶液贮于棕色瓶中备用。

溶液甲：称取结晶硫酸铜($CuSO_4$，分析纯)6.5 g 或五水硫酸铜($CuSO_4·5H_2O$，分析纯)10.5 g 溶于 1 L 蒸馏水。

溶液乙：称取酒石酸钾钠($C_4H_4O_8KNa·4H_2O$，分析纯)12 g，碳酸钠($NaCO_3$，分析纯)20 g，碳酸氢钠($NaHCO_3$，分析纯)25 g，溶于 500 mL 蒸馏水中。

溶液丙：称取碘化钾(KI，分析纯)10g，碘酸钾($KIO_3$，分析纯)0.8g，草酸钾($K_2C_2O_4·H_2O$，分析纯)18 g，溶于 300 mL 蒸馏水中。

(5)0.5 mol·$L^{-1}$ $H_2SO_4$：量取约 250 mL 蒸馏水，缓缓加入浓 $H_2SO_4$(比重1.84)27.7 mL，冷却后稀释至 1 L。

(6)0.1 mol·$L^{-1}$ $Na_2S_2O_3$ 原液：称取硫代硫酸钠($Na_2S_2O_3·5H_2O$，分析纯)24.8 g 溶于经煮沸过的冷蒸馏水中并稀释至 1 L。

(7)0.005 mol·$L^{-1}$ $Na_2S_2O_3$ 工作液：由 0.1 mol·$L^{-1}$ $Na_2S_2O_3$ 原液稀释 20 倍而成。

(8)1% 淀粉指示剂：称取可溶性淀粉 1 g 溶于少量水中，加入煮沸的饱和 NaCl 溶液约 80 mL，摇匀，再煮 10 min，冷却后用蒸馏水稀释成 100 mL。

(9)标准葡萄糖溶液：称取葡萄糖($C_6H_{12}O_6·H_2O$，分析纯)0.04 g 溶于 100 mL 蒸馏水中，则得 400 μg·$mL^{-1}$ 葡萄糖溶液。

## 五、操作步骤

1. 待测液制备

称取 5 g 过 1 mm 孔筛风干土壤于 50 mL 的容量瓶中，加入 1 mL 甲苯作为抑菌剂，放置处理 15 min，然后先后加入 10 mL 水和 15 mL 5% 蔗糖-磷酸缓冲液(pH5.5)，摇匀，使土壤均匀分散后，加塞，放于 37℃ 恒温培养箱中，计时培养 23 h。用加热至 38℃ 的蒸馏水稀释定容至刻度(甲苯应浮于刻度上方)，仔细摇匀，再培养 1 h，并将悬液用定量滤纸(慢速)过滤于 50 mL 三角瓶中。

2. 滴定

吸取 1~5 mL 滤液(依葡萄糖含量高低而定)于 150 mL 三角瓶中，用蒸馏水稀释至 5 mL，加入 5 mL 碱性硫酸铜试剂，摇匀后，在三角瓶口盖上封口膜(防止被还原的 $Cu^+$ 为空气所氧化)置于沸水浴中煮沸 15 min。取下立即于冷水中冷却至 35~40 ℃(为防止 $Cu^+$ 氧化，在冷却过程中切勿使三角瓶摇动)，然后加入 5 mL 0.5 mol·$L^{-1}$ $H_2SO_4$(缓缓加入，轻轻摇动，避免产生气泡)。2 min 后，用 0.005 mol·$L^{-1}$ $Na_2S_2O_3$ 标准溶液滴定。滴定液由棕色变为浅黄色时，加入 1 mL 淀粉指示剂，继续滴定至蓝色刚刚退去时为滴定终点，记录所消耗 0.005 mol·$L^{-1}$ $Na_2S_2O_3$ 的毫升数，查标准曲线求出还原糖量。

### 3. 无土对照和无基质对照

无土对照(不加土样,其他操作与样品测定相同),无基质对照(以等体积的水代替蔗糖-磷酸缓冲液(pH5.5),其他操作与样品测定相同)。

### 4. 标准曲线的绘制

分别吸取标准葡萄糖溶液 0 mL、0.5 mL、1 mL、1.5 mL、2.0 mL、2.5 mL、3.0 mL、3.5 mL、4.0 mL、4.5 mL、5.0 mL 于 50 mL 三角瓶中,即分别含 0 μg、200 μg、400 μg、600 μg、800 μg、1 000 μg、1 200 μg、1 400 μg、1 600 μg、1 800 μg 和 2 000 μg 的葡萄糖,用水稀释至 5 mL,其余步骤与样品测定相同。以空白(即不加糖溶液、加 5 mL 水)所消耗 0.005 mol·L$^{-1}$ Na$_2$S$_2$O$_3$ 溶液的体积减去标准葡萄糖溶液消耗的体积为纵坐标,以糖浓度为横坐标绘制成标准曲线。

## 六、结果记录与计算

### 1. 结果记录

将实验结果记录于表 13-2 中。

**表 13-2 土壤蔗糖酶活性测定结果记录表**

土样名称: 采集地点: 层次深度: 粒径:

| 项目 | | 重复次数 | | | 无土空白 | 无基质空白 |
|---|---|---|---|---|---|---|
| | | 1 | 2 | 3 | | |
| 称样质量(g) | | | | | | |
| 培养定容体积(mL) | | | | | | |
| 显色吸取量(mL) | | | | | | |
| 消耗 0.005 mol·L$^{-1}$ Na$_2$S$_2$O$_3$(mL) | | | | | | |
| 葡萄糖(μg·mL$^{-1}$) | | | | | | |
| 蔗糖酶活性[μg·(100 g 土)$^{-1}$] | | | | | | |
| 平均值[μg·(100 g 土)$^{-1}$] | | | | | | |
| 相对误差 | | | | | | |
| 标准曲线测定 | 葡萄糖(μg) | 0 | 200 | 400 | 600 | 800 | 1 000 | 1 200 | 1 400 | 1 600 | 1 800 | 2 000 |
| | 消耗 0.005 mol·L$^{-1}$ Na$_2$S$_2$O$_3$(mL) | | | | | | | | | | | |

测定日期: 测定人:

### 2. 计算公式

$$\text{葡萄糖}[\mu g \cdot (100 \text{ g 土})^{-1}] = (X_{样品} - X_{无土} - X_{无基质}) \times M \times 20 \tag{13-2}$$

式中 $X_{样品}$——样品测定所消耗 0.005 mol·L$^{-1}$ Na$_2$S$_2$O$_3$ 体积在标准曲线上所对应葡萄糖微克数;

$X_{无土}$——无土对照测定所消耗 0.005 mol·L$^{-1}$ Na$_2$S$_2$O$_3$ 体积在标准曲线上所对应葡萄糖微克数;

$X_{无基质}$——无基质对照测定所消耗 0.005 mol·L$^{-1}$ Na$_2$S$_2$O$_3$ 体积在标准曲线上所对应

葡萄糖微克数；

$M$——分取倍数（样品定容体积与测定时吸取量的比值）；

20——将 5 g 土重换算为 100 g。

## 七、注意事项

(1) 不同土壤蔗糖酶活性相差较大，故不同土壤培养时间可适当地增长或缩短，以求得理想的结果。

(2) 因 $Cu^+$ 极易被空气中的氧所氧化，因此在实验操作过程中必须严格按照操作步骤进行。

## 八、思考题

请简述目前测定土壤蔗糖酶活性几种方法的优缺点。

# 土壤过氧化氢酶活性测定

## 一、方法选择

测定土壤中过氧化氢酶活性的方法有滴定法、气量法和比色法。

滴定法是过氧化氢与土壤相互作用后，用高锰酸钾滴定未分解的过氧化氢的量，从而测出过氧化氢的分解速度。酶活性以 1 g 土壤、1 h 内消耗 $0.02\ mol \cdot L^{-1} KMnO_4$ 的体积来表示。在实验室中常用此法。

气量法则是根据析出氧的体积测出过氧化氢的分解速度，测定可在瓦氏呼吸器或者简易的气量计中进行。

比色法是在酸性条件下，过氧化氢能与硫酸酞反应，生成黄色的过二硫代钛酸，其颜色深度与过氧化氢的浓度相关，因而可用于酶活性测定。

## 二、方法原理（滴定法）

在较低的温度（18℃）甚至在 2℃ 情况下，用高锰酸钾滴定酶促反应前后过氧化氢的量，由二者之间的差求出分解过氧化氢的量，以此来表示酶的活性。

$$2KMnO_4 + 5H_2O_2 + 3H_2SO_4 \longrightarrow 2MnSO_4 + K_2SO_4 + 8H_2O + 5O_2$$

## 三、实验器具

容量瓶（1 000 mL）、三角瓶（100 mL）、三角瓶（50 mL）、玻璃棒、冰箱。

## 四、试剂配制

(1) 0.3% $H_2O_2$ 磷酸缓冲液：A. $0.1\ mol \cdot L^{-1}$ 磷酸氢二钠溶液，称取 17.81 g 磷酸氢二钠（$Na_2HPO_4 \cdot 2H_2O$，分析纯）溶于 200 mL 蒸馏水中，定容至 1 L；B. $0.1\ mol \cdot L^{-1}$ 磷酸氢二钾溶液，称取磷酸氢二钾（$K_2HPO_4$，分析纯）17.42 g，溶于 200 mL 蒸馏水中，定容至 1 L。0.3% $H_2O_2$ 磷酸缓冲液：准确量取 17.5 mL 的 A 液、17.5 mL 的 B 液、5 mL 30% $H_2O_2$ 和

10 mL 蒸馏水混合，贮存于冰箱中。

（2）甲苯（$C_7H_8$，分析纯）。

（3）0.5 mol·$L^{-1}$ $H_2SO_4$：取约 250 mL 蒸馏水，缓缓加入浓 $H_2SO_4$（比重 1.84）27.7 mL，冷却后稀释至 1 L。

（4）0.02 mol·$L^{-1}$ $KMnO_4$：准确称取高锰酸钾（$KMnO_4$，分析纯）3.16 g 溶于 500 mL 蒸馏水中，完全溶解后定容至 1 L。此溶液在使用前需用 0.1 mol·$L^{-1}$ 的草酸钠溶液进行标定。

## 五、操作步骤

称取新鲜土壤 5 g 于 100 mL 的三角瓶中，加入甲苯 1 mL，摇匀，置于 0~4 ℃ 冰箱中 0.5 h。取出，立刻加入 25 mL 3% $H_2O_2$ 溶液（冰箱贮存）。充分摇匀后，再置于 0~4 ℃ 冰箱中 0.5 h。取出，迅速加入 0.5 mol·$L^{-1}$ $H_2SO_4$ 25 mL 以稳定剩余 $H_2O_2$，摇匀，用定量（慢速）滤纸过滤于 100 mL 三角瓶中。吸取滤液 1 mL 于 50 mL 三角瓶中，加入 0.5 mol·$L^{-1}$ $H_2SO_4$ 4 mL，然后用 0.02 mol·$L^{-1}$ $KMnO_4$ 滴定至浅粉红色，计时 2 min 内粉红色不褪去即为终点。按此操作，用不加土壤的基质作对照测定，并根据无土对照和样品所消耗 0.02 mol·$L^{-1}$ $KMnO_4$ 的滴定差，求出相当于分解的 $H_2O_2$ 的量 $KMnO_4$ 值。

## 六、结果记录与计算

**1. 结果记录**

将实验结果记录于表 13-3 中。

表 13-3 土壤过氧化氢酶活性测定结果记录表

土样名称：　　　　采集地点：　　　　层次深度：　　　　粒径：

| 项 目 | 重复次数 | | | 无土空白 |
|---|---|---|---|---|
| | 1 | 2 | 3 | |
| 称样质量（g） | | | | |
| 湿干比 | | | | |
| 培养体积（mL） | | | | |
| 吸取量（mL） | | | | |
| 消耗 0.02 mol·$L^{-1}$ $KMnO_4$（mL） | | | | |
| $T$ | | | | |
| 过氧化氢酶活性[mL·(100 g 湿土)$^{-1}$] | | | | |
| 平均值[mL·(100 g 湿土)$^{-1}$] | | | | |
| 相对误差 | | | | |

测定日期：　　　　　　　　　　测定人：

**2. 计算公式**

$$0.02\ \text{mol·L}^{-1}\text{KMnO}_4[\text{mL·}(100\ \text{g 湿土})^{-1}] = (X_{无土} - X_{样品}) \times T \times 20 \times 湿干比$$

(13-3)

式中　$X_{样品}$——滴定样品试验所消耗 0.02 mol·L$^{-1}$ KMnO$_4$ 体积；

　　　$X_{无土}$——滴定无土对照试验所消耗 0.02 mol·L$^{-1}$ KMnO$_4$ 体积；

　　　$T$——标定后 0.02 mol·L$^{-1}$ KMnO$_4$ 溶液的实际浓度；

　　　20——将 5 g 土重换算为 100 g；

　　　湿干比——土壤的湿重/干重。

## 七、注意事项

(1)将土壤风干，会使过氧化氢酶的活性降低，样品保存时间越长，酶活性降低得越多，所以应及时测定，如需保存，则应置于 4℃ 冰箱。

(2)在滴定过程中应控制好终点。

## 八、思考题

(1)测定土壤过氧化氢酶时为什么要求低温？

(2)如何对高锰酸钾溶液进行标定？

# 土壤磷酸酶活性测定

## 一、方法选择

测定土壤中磷酸酶活性的方法有荧光法和比色法。

荧光法是利用荧光底物和土壤相互作用，测定具有荧光特性的产物，从而测定出土壤酶活性。

分光比色法是土壤样品与磷酸苯二磷酸钠或对硝基酚磷酸钠溶液培养一定的时间后，水解产生的苯酚或对硝基酚用比色法定量测定，计算磷酸酶的活性。

由于传统的分光比色测定方法成本低，较荧光比色更具有普遍性，在实验室中常用此法。在分光比色方法中，目前国内学者在测定酸性磷酸酶活性时主要以磷酸苯磷酸二钠为基质的测定方法，但是在以磷酸苯磷酸二钠为基质测定生成物的过程中，常出现显色程度不明显而有些酶活性测定的问题；另外，采用不同基质测定酸性磷酸酶活性也造成了测定方法选择的困难。所以目前国际上大部分学者使用对硝基苯磷酸二钠为基质的测定方法测定磷酸酶的活性，且有研究表明该方法是最快速且准确的。

## 二、方法原理（比色法）

土壤样品与对硝基苯磷酸二钠溶液培养一段时间后，水解产生的对硝基酚与磷酸酶活性在一定范围内呈线性关系，总反应式如下：

$$\begin{array}{c} OH \\ | \\ O=P-OH \\ | \\ OR \end{array} + H_2O \xrightarrow{磷酸酶} \begin{array}{c} OH \\ | \\ O=P-OH \\ | \\ OH \end{array} + R-OH$$

磷酸酶活性，以 1 g 土壤在 37℃ 下培养 1 h 后释放出的对硝基酚克数表示。

## 三、实验器具

容量瓶(1 000 mL)、容量瓶(50 mL)、三角瓶、恒温培养箱、分光光度计。

## 四、试剂配制

(1) 甲苯($C_7H_8$，分析纯)。

(2) 改进的通用缓冲溶液(MUB)贮备液：称取三羟甲基氨基甲烷($C_4H_{11}NO_3$，分析纯) 12.1 g、马来酸($C_4H_4O_4$，分析纯) 11.6 g、柠檬酸($C_6H_8O_7$，分析纯) 14.0 g 和硼酸($H_3BO_3$，分析纯) 6.3 g 溶于 500 mL 1 mol·L$^{-1}$ NaOH 溶液中，用去离子水定容至 1 L，于 4 ℃下贮存。

(3) pH6.5 和 pH11.0 的 MUB 溶液：在持续搅拌下，200 mL MUB 贮备液中分别滴加 0.1 mol·L$^{-1}$ HCl 或 0.1 mol·L$^{-1}$ NaOH 至溶液 pH6.5 或 pH11.0，再用去离子水定容至 1 L。

(4) 15 mmol·L$^{-1}$ 对硝基苯磷酸二钠溶液($C_6H_4NNa_2O_6P$，分析纯)：称取对硝基苯磷酸二钠 2.927 g 溶于 40 mL MUB 溶液(pH6.5 或 pH11.0)中，用相同的 pH 缓冲液稀释至 50 mL，4 ℃下保存。

(5) 0.5 mol·L$^{-1}$ 对氯化钙溶液：称取氯化钙 73.5 g 溶于少量去离子水中并定容至 1 L。

(6) 0.5 mol·L$^{-1}$ 氢氧化钠溶液：称取 NaOH 20 g 溶于 1 L 去离子水中。

(7) 7.19 mmol·L$^{-1}$ 对硝基酚标准溶液：称取对硝基酚 1 g 溶于少量去离子水中并定容至 1 L，4 ℃下保存。

## 五、操作步骤

### 1. 待测液制备

称取过 2 mm 孔筛的新鲜土壤 1 g 于 50 mL 三角瓶中，加 0.25 mL 甲苯、4 mL MUB 缓冲液(酸性磷酸酶用 pH6.5 缓冲液，碱性磷酸酶用 pH11.0 缓冲液)和 1 mL 用相同的缓冲液配制的对硝基苯磷酸二钠溶液，盖上塞子混匀，37 ℃下培养 1h。然后加 4 mL 氯化钙溶液和 4 mL 氢氧化钠溶液，充分混匀后用滤纸过滤，400 nm 处比色测定。同时做空白对照，加对硝基苯磷酸二钠溶液之前加入氯化钙溶液和氢氧化钠溶液，并迅速过滤。每个样品重复 3 次。

### 2. 标准曲线绘制

取 1 mL 对硝基酚标准溶液于 100 mL 容量瓶中，用去离子水定容至刻度，再分别取该稀释液 0 mL、1 mL、2 mL、3 mL、4 mL、5 mL 于 50 mL 容量瓶中，加去离子水稀释至 5 mL，然后加 4 mL 氯化钙溶液和 4 mL 氢氧化钠溶液，充分混匀后过滤，400 nm 处比色测定。此系列标准曲线中对硝基酚含量为 0 μg、10 μg、20 μg、30 μg、40 μg、50 μg。同时将结果记录于表 13-4 中，以标准溶液浓度为横坐标，以消光值为纵坐标绘制曲线图。

## 六、结果记录与计算

### 1. 结果记录

将实验结果记录于表 13-4 中。

表 13-4  土壤磷酸酶活性测定结果记录表

土样名称：　　　　采集地点：　　　　层次深度：　　　　粒径：

| 项　目 | 重复次数 | | | 无土空白 | 无基质空白 |
|---|---|---|---|---|---|
| | 1 | 2 | 3 | | |
| 称样质量(g) | | | | | |
| 湿干比 | | | | | |
| 培养体积+反应体积(mL) | | | | | |
| 消光值对应标准曲线的对硝基酚微克数 | | | | | |
| $M$ | | | | | |
| 磷酸酶活性[μg·(100 g 湿土)$^{-1}$·h$^{-1}$] | | | | | |
| 平均值[μg·(100 g 湿土)$^{-1}$·h$^{-1}$] | | | | | |
| 相对误差 | | | | | |
| 标准曲线测定 | 对硝基酚(μg) | 0 | 10 | 20 | 30 | 40 | 50 |
| | 消光值(E) | | | | | | |

测定日期：　　　　　　　　　　　　　　测定人：

2. 计算公式

土壤磷酸酶活性 $[\mu g \cdot (100 \text{ g 湿土})^{-1} \cdot h^{-1}] = (X_{样品} - X_{无土} - X_{无基质}) \times M \times 100 \times 湿干比$

(13-4)

式中　$X_{样品}$——样品测定的消光值在标准曲线上所对应的对硝基酚微克数；

　　　$X_{无土}$——无土对照测定的消光值在标准曲线上所对应的硝基酚微克数；

　　　$X_{无基质}$——无基质对照测定的消光值在标准曲线上所对应的硝基酚微克数；

　　　$M$——分取倍数(样品反应原液体积以及测定对硝基酚过程中稀释倍数的换算倍数，此处为 1)；

　　　100——将 1 g 土换算为 100 g 土；

　　　湿干比——土壤的湿重/干重。

## 七、注意事项

(1) 样品保存时间越长，酶活性降低越多，所以应及时测定。

(2) 测定酸性和碱性反应土壤的磷酸酶，要提供相应的 pH 缓冲液才能测出该土壤的磷酸酶的最大活性。

(3) 由于不同土壤测定需要根据实际情况调整稀释倍数，故公式中 $M$ 值需根据实际情况自行计算。

## 八、思考题

(1) 为什么对于酸性和碱性反应土壤的磷酸酶，要采用不同 pH 缓冲液？

(2) 为什么在培养前应加入甲苯处理土壤？

# 实验十四　土壤微生物碳、氮的测定

土壤微生物生物量是指土壤中体积小于 5~10 $\mu m^3$ 活的微生物总量，是土壤有机质中最活跃、最易变化的部分，包括微生物生物量碳和氮。

## ——— 土壤微生物碳的测定 ———

### 一、方法选择

近30年来，国内外大量学者对土壤微生物生物量的测定方法进行了比较系统的研究，但由于土壤微生物的多样性和复杂性，还没有发现一种简单、快速、准确、适应性广的方法。目前广泛应用的方法有：氯仿熏蒸培养法（FI）、氯仿熏蒸浸提法（FE）、基质诱导呼吸法（SIR）、精氨酸诱导氨化法和三磷酸腺苷（ATP）法。

### 二、方法原理（氯仿熏蒸培养——仪器分析法）

新鲜土样经氯仿熏蒸后（24 h），土壤微生物死亡细胞发生裂解，释放出微生物生物量碳，用一定体积的 0.5 mol·$L^{-1}$ $K_2SO_4$ 溶液提取土壤，借用有机碳自动分析仪（TOC）测定微生物生物量碳含量。根据熏蒸土壤与未熏蒸土壤测定有机碳的差值及转换系数（KEC），从而计算土壤微生物生物量碳。

### 三、实验器具

烧杯、三角瓶、聚乙烯塑料管、离心管、漏斗、广口玻璃瓶（1 L）、培养箱、真空干燥器、真空泵、往复式振荡机、自动总有机碳（TOC）分析仪、定量滤纸等。

### 四、试剂配制

(1) 无乙醇氯仿：量取 500 mL 氯仿于 1 000 mL 分液漏斗中，加入 50 mL 硫酸溶液 [$\rho(H_2SO_4) = 5\%$]，充分摇匀，弃除下层硫酸溶液，如此进行3次。再加入 50 mL 去离子水，同上摇匀，弃去上部的水分，如此进行5次。将下层氯仿转移存放在棕色瓶中，并加入无水 $K_2CO_3$ 约 20 g，在冰箱的冷藏室中保存备用。

(2) 0.5 mol·$L^{-1}$ 硫酸钾溶液：准确称取硫酸钾（$K_2SO_4$，分析纯）87.10 g，溶于 300 mL 去离子水中，定容至 1 L。

(3) 工作曲线的配制：用 0.5 mol·$L^{-1}$ 硫酸钾溶液配制 10 μg C·$L^{-1}$、30 μg C·$L^{-1}$、50 μg C·$L^{-1}$、70 μg C·$L^{-1}$、100 μg C·$L^{-1}$ 系列标准碳溶液；也可直接使用仪器自带标曲。

## 五、操作步骤

### 1. 样品预处理

将新鲜土壤样品立即去除植物残体、根系等，然后尽快过筛(2~3 mm)，或放在低温下(2~4 ℃)保存。土壤样品调节到40%左右的田间持水量，室温下放入密闭装置中预培养1周(在密闭容器中放入两个烧杯，并分别加入水和稀NaOH溶液，以保持其湿度，同时吸收所释放的$CO_2$)。预培养的土壤应立即分析，也可放在低温下(2~4 ℃)保存。

### 2. 熏蒸

准确称取预培养土样10.00 g(相当于干土10.0 g)6份分别放入25 mL小烧杯中。将其中3份土样的小烧杯置于真空干燥器中，并放置2或3个盛有无乙醇氯仿的小烧杯，烧杯内放入少量防暴沸玻璃珠，同时放入1个盛有NaOH溶液的小烧杯，干燥器底部加入少量水以保持容器湿度，加盖后用真空泵抽真空，保持氯仿沸腾5 min。关闭真空干燥器阀门，于25 ℃黑暗条件下培养24 h。熏蒸结束后，打开干燥器阀门，取出氯仿，在通风橱中使氯仿全部散尽。另3份土壤放入另一干燥器中，但不放氯仿。

### 3. 抽真空处理

熏蒸结束后，打开真空干燥器阀门(应听到空气进入的声音，否则熏蒸不完全，应重做)，取出盛有氯仿(可重复利用)和稀NaOH溶液的小烧杯，清洁干燥器，反复抽真空(5或6次，每次3 min，每次抽真空后最好完全打开干燥器盖子)，直到土壤无氯仿味道为止。(注意：熏蒸后不可久放，应该快速浸提。)

### 4. 浸提过滤

从干燥器中取出熏蒸和未熏蒸土样，将土样完全转移到80 mL聚乙烯离心管中，加入40 mL 0.5 mol·$L^{-1}$硫酸钾溶液(土水比为1:4)，300 r·$min^{-1}$振荡30 min，取出用中速定量滤纸过滤。同时作3个无土壤基质空白。土壤提取液应立即分析，否则应于-20 ℃冷冻保存(使用前需解冻摇匀)。

### 5. TOC 仪器测定

吸取上述土壤提取液10 μL(根据仪器本身性能决定，但是一般情况下，在测定土壤滤液时候，要对其进行稀释，如果不稀释，一方面会超出仪器的标准曲线，另一方面可能堵塞仪器)注入自动总有机碳分析仪(TOC)，测定提取液有机碳含量。若无此仪器时，可采用油浴法测定提取液中的有机碳。

## 六、结果记录与计算

### 1. 结果记录

将实验结果记录于表14-1中。

### 2. 计算公式

$$SMBC = [(EC - EC_0) \times TOC 仪器的稀释倍数 \times 水土比] \div 0.45 \qquad (14\text{-}1)$$

式中 $SMBC$——微生物生物量碳质量分数(mg·$kg^{-1}$)；

$(EC - EC_0)$——熏蒸土样有机碳与未熏蒸土样有机碳之差(mg·$kg^{-1}$)。

表 14-1 土壤微生物量碳测定结果记录表

土样名称：　　　　　采集地点：　　　　　层次深度：　　　　　粒径：

| 处理 | 熏蒸 | | | 未熏蒸 | | |
|---|---|---|---|---|---|---|
| 重复次数 | 1 | 2 | 3 | 1 | 2 | 3 |
| 称样质量(g) | | | | | | |
| 浸提液体积(mL) | | | | | | |
| 待测液吸取体积(uL) | | | | | | |
| 微生物氮值 B(C)(mg·kg$^{-1}$) | | | | | | |
| 平均值(mg·kg$^{-1}$) | | | | | | |
| 相对误差 | | | | | | |

测定日期：　　　　　　　　　　测定人：

## 七、注意事项

(1) 如果土壤太湿无法过筛，进行晾干时必须经常翻动土壤，避免局部风干导致微生物死亡。

(2) 土壤提取液最好立即分析，或 -20℃ 冷冻保存，但使用前需解冻摇匀。

(注：这部分很重要。研究结果表明：提取液如果不立即分析，请保存在 -20℃，否则将影响浸提液的效果；其次，过滤时不要用普通的定性或定量滤纸，以免长久杂质会堵塞仪器的管路，建议使用一次性塑料注射器，配一个 0.2 μm 的滤头。)

(3) 氯仿致癌，操作时应在通风橱中进行。

(4) 打开真空干燥器时，要听声音。如没空气进去的声音，试验需重做。

(5) 试剂的厂家应注意，有些厂家 $K_2SO_4$ 试剂不宜浸提土壤微生物量碳。

## 八、思考题

为什么制备好的提取液最好立即分析？

―――― 土壤微生物氮的测定 ――――

## 一、方法选择

土壤微生物氮一般占土壤全氮的 2%~7%，是土壤中有机—无机态氮转化的一个重要环节。关于土壤微生物氮的常见测定方法为熏蒸浸提法（熏蒸浸提——全氮测定法和熏蒸浸提——茚三酮比色法）。本书主要介绍熏蒸浸提—全氮测定法。

## 二、方法原理（氯仿熏蒸浸提——凯氏定氮法）

Amato 和 Ladd(1988)研究表明新鲜土样熏蒸过程所释放出的氮，主要成分为 α-氨基酸态氮和铵态氮。全氮测定法是样品在加速剂的参与下，用浓硫酸消煮时，各种含氮有机化合物经过复杂的高温分解反应，转化为铵态氮。在消化液加入过量的氢氧化钠溶液，使铵盐分解蒸馏出氨，吸收在硼酸溶液中，最后以甲基红-溴甲酚绿为指示剂，用标准盐酸滴定至粉红色为终点，根据标准硫酸的用量，求出分析样品中的含氮全量，土壤微生物态氮是土样在氯仿($CHCl_3$)熏蒸后直接利用 0.5 mol·$L^{-1}$ $K_2SO_4$ 浸提氮后进行测定，以熏蒸和不熏蒸土壤中总氮的差值为基础计算土壤微生物量氮。

## 三、实验器具

凯氏全自动定氮仪、硬质试管、水浴锅、真空干燥器、烧杯、三角瓶、聚乙烯塑料管、离心管、漏斗等。

## 四、试剂配制

所需试剂与全自动凯氏定氮仪测定土壤全氮相同，详见实验十七。

## 五、操作步骤

### 1. 浸提液制备

土壤微生物氮测定用浸提液制备过程与上述土壤微生物碳相同，即经预处理、熏蒸、抽真空处理、浸提过滤等过程，所得滤液直接进行全氮测定。

### 2. 全氮测定

取 10 mL 滤液于消煮管中，加入 $K_2SO_4$ – $CuSO_4$ – Se 混合催化剂 1.08 g，加入 4 mL 浓硫酸；同时设置 2~3 个空白样品(10 mL 的 0.5 mol·$L^{-1}$ 的 $K_2SO_4$，加入 $K_2SO_4$ – $CuSO_4$ – Se 混合催化剂 1.08 g，加入 4 mL 浓硫酸)；在高温消化(340 ℃消煮 3 h)至澄清后放置 2~3 h。然后用全自动凯氏定氮仪测定浸提液中的全氮含量。

## 六、结果记录与计算

### 1. 结果记录

将实验结果记录于表 14-2 中。

表 14-2 土壤微生物氮测定结果记录表

土壤名称：　　　　　采集地点：　　　　　层次深度：　　　　　粒径：

| 处　理 | 熏蒸 | | | 未熏蒸 | | |
|---|---|---|---|---|---|---|
| 重复次数 | 1 | 2 | 3 | 1 | 2 | 3 |
| 称样质量(g) | | | | | | |
| 全氮值 $E_N$(g·$kg^{-1}$) | | | | | | |
| 微生物氮值 $B_n$(μg·$g^{-1}$) | | | | | | |
| 平均值(μg·$g^{-1}$) | | | | | | |
| 相对误差 | | | | | | |

测定日期：　　　　　　　　　　　　测定人：

### 2. 计算公式

$$E_N = [(V_S - V_O) \times c_{H_2SO_4} \times 14 \times 1\,000 \times (40/10)] \div W_S$$

$$B_n = (E_N^{CHCl_3} - E_N^{CK}) \tag{14-2}$$

式中 $E_N$——全氮；

$V_O$——滴定空白对照所消耗的标准硫酸体积；

$V_S$——滴定土样所消耗的标准硫酸体积；

$c_{H_2SO_4}$——硫酸标定浓度；

14——氮的摩尔质量；

1 000——千克转化成克；

40/10——分取倍数；

$W_S$——烘干土重；

$B_n$——微生物氮；

$E_N^{CHCl_3}$——熏蒸土壤的全氮；

$E_N^{CK}$——未熏蒸土壤的全氮。

## 七、注意事项

同土壤微生物碳。

## 八、思考题

为什么制备好的提取液最好立即分析？

# 实验十五　土壤 pH 值的测定

## 一、目的意义

土壤酸碱度是土壤重要的基本性质之一,是表征土壤形成过程和熟化培肥过程的一个重要指标。土壤酸碱度对土壤肥力有较大影响,与土壤中各种微生物的活动、有机质的分解、营养元素的释放与转化、阳离子的代换吸收以及植物生长发育情况等都有着密切的关系。在盐碱土中测定土壤的 pH 值,可以为盐碱土的改良利用提供基础数据。同时,pH 值是常规分析中其他许多项目分析方法选择的依据。

## 二、方法选择

土壤 pH 值是土壤溶液中氢离子活度的负对数,可用水处理土壤制成悬浊液进行测定。土壤 pH 值的测定方法可分为电位法和比色法两大类。比色法因其数据准确度较低,一般多用于田间速测;电位法具有准确、快速、方便和数据重现性好等优点,因而各个土壤分析实验室一般采用电位法。

## 三、方法原理(电位法)

土壤的酸碱度按其存在方式,可分为活性酸和潜在酸。活性酸是由土壤溶液中的氢离子所引起,用水可提取出这种活性氢离子;潜在酸则是由土壤胶体所吸附的氢、铝离子引起,其酸度离子可用中性盐或强碱弱酸盐代换到溶液中。电位法测定土壤悬浊液 pH 时,常用玻璃电极为指示电极,甘汞电极为参比电极。当玻璃电极和甘汞电极插入土壤悬浊液时,构成电池反应,两者之间产生一个电位差,由于参比电极的电位是固定的,因而该电位差的大小决定于试液中的氢离子活度,氢离子浓度在 pH 计上用它的负对数值 pH 表示,因此可直接读出 pH 值(若采用复合玻璃电极,则直接将玻璃电极球部浸入土样的上部清液中)。

## 四、实验器具

pH 酸度计(PHS-3C,PHS-4C 型)、复合玻璃电极、高型小烧杯(50 mL)、量筒(25 mL)、天平(感量 0.01 g)、洗瓶、玻璃棒、滤纸、温度计等。

## 五、试剂配制

(1)pH4.01 标准缓冲溶液:称取在 105℃烘烤过的邻苯二甲酸氢钾($KHC_8H_4O_4$,分析纯)10.21 g,用蒸馏水溶解后定容至 1 L。

(2)pH6.87 标准缓冲溶液:称取在 105℃烘烤过的磷酸二氢钾($KH_2PO_4$,分析纯)3.39 g 和无水磷酸氢二钠($Na_2HPO_4$,分析纯)3.53 g,溶于蒸馏水后定容至 1 L。

(3) pH9.18 标准缓冲溶液：称取硼砂($Na_2B_4O_7 \cdot 10H_2O$，分析纯)3.80 g 溶于无二氧化碳的冷蒸馏水中，定容至 1 L。此溶液的 pH 易变化，应注意保存。

(4) 氯化钾溶液 [$c(KCl) = 1.0\ mol \cdot L^{-1}$]，称取氯化钾(KCl，分析纯)74.6 g 溶于 400~500 mL 蒸馏水中，用 10% KOH 或 HCl，调节 pH 值在 5.5~6.0，然后定容至 1L。

## 六、操作步骤

### 1. 待测液的制备

称取通过 1 mm 孔筛的风干土样 10.00 g 于 50 mL 高型小烧杯中，加入 25 mL 无二氧化碳的蒸馏水。用玻璃棒间歇地搅拌 1~2 min，使土体完全分散，放置 20~30 min 后用校正过的酸度计进行测定，此时应避免空气中氨或挥发性酸性气体等的影响。

### 2. 仪器校正

测定土壤悬液 pH 值时，须先用已知 pH 值的标准缓冲溶液调整酸度计。酸碱度不同的土壤，选用 pH 值不同的标准缓冲液，酸性土壤用 pH4.01，中性土壤用 pH6.87 和 pH9.18 进行调整。把电极插入与土壤浸提液 pH 接近的标准缓冲溶液中，使仪器标度上的 pH 值与标准溶液的 pH 值相一致。然后移出电极，用水冲洗、滤纸吸干后插入另一标准缓冲溶液中，检查仪器的读数。最后移出电极、用水冲洗、滤纸吸干后待用。酸度计的使用也可参阅仪器使用说明书。

### 3. 测定

把玻璃电极球部浸入土样的上清液中，待读数稳定后，记录待测液 pH 值。每个样品测完后，立即用蒸馏水冲洗电极，并用干滤纸将水吸干再测定下一个样品。

当上述测定的 pH 值 <7 时，再以相同的水土比，用 $1.0\ mol \cdot L^{-1}$ KCl 浸提，按上述步骤测土壤代换性酸度。

## 七、结果记录与计算

将实验结果记录于表 15-1 中，并根据表 15-2 诊断出土样的酸碱性。

表 15-1 土壤 pH 值测定结果记录表

土样名称：　　　　采集地点：　　　　层次深度：　　　　粒径：

| 项目 | 重复次数 | | |
|---|---|---|---|
| | 1 | 2 | 3 |
| 称样质量(g) | | | |
| 读数 | | | |
| 平均值 | | | |
| 酸碱性 | | | |
| 相对误差 | | | |

测定日期：　　　　　　　　　　测定人：

表 15-2　土壤酸碱性诊断指标

| 土壤酸碱度(pH) | <4.6 | 4.6~5.5 | 5.6~6.5 | 6.6~7.4 | 7.5~8.5 | >8.5 |
|---|---|---|---|---|---|---|
| 级别 | 强酸性 | 酸性 | 微酸性 | 中性 | 碱性 | 强碱性 |

## 八、注意事项

1. 使用复合玻璃电极注意事项

(1) 干放的电极使用前应在盐酸溶液 [$c(HCl) = 0.1\ mol \cdot L^{-1}$] 或蒸馏水中浸泡 12 h 以上，使之活化。

(2) 电极球泡极易破损，使用时必须仔细谨慎，最好加用套管保护。

(3) 电极应随时由电极测口补充饱和氯化钾溶液和氯化钾固体。不用时可以存放在饱和氯化钾溶液中或前端用橡皮套套紧干放。

(4) 不要长时间浸在被测溶液中，以防止流出的氯化钾污染待测液。

(5) 玻璃电极表面不能沾有油污，忌用浓硫酸或铬酸洗液清洗玻璃电极表面。不能在强碱及含氟化物介质中或黏土等体系中停放过久。以免损坏电极或引起电极反应迟钝。不要直接接触能侵蚀汞和甘汞的溶液。

2. 测定 pH 值时注意事项

(1) 加水或氯化钾后的平衡时间对测得的土壤 pH 值是有影响的，且随土壤类型而异。平衡时间，快者 1 min 即达平衡，慢者可长至 1 h。一般来说，平衡 30 min 最合适。

(2) 土壤不要磨得过细，以通过 2 mm 孔筛为宜。样品不立即测定时，最好贮存于有磨口的标本瓶中，以免受大气中氨和其他气体的影响。

(3) 饱和甘汞电极最好插在上清液中，以减少由于土壤悬液产生液接电位而造成的误差。

(4) 两次称样平行测定结果的允许差为 0.1pH；室内严格掌握测定条件和方法时，精密 pH 计的允许差可降至 0.02pH。

## 九、思考题

(1) 为什么在一般情况下，盐浸溶液所测 pH 值较水浸液的小？

(2) 如何校准酸度计？

(3) 为什么在测定 pH 值时，要求将玻璃电极球部浸入土样的上清液中？

# 实验十六　石灰需要量的测定

## 一、目的意义

酸性土壤石灰需要量是指把土壤从其初始酸度中和到一个选定的中性或微酸性状态所需的石灰或其他碱性物质的量,从而使作物有最适宜生长的酸度。我国长江以南大部分土壤均属酸性土壤,酸性过强,往往使铝、铁或锰的浓度增高,造成对某些作物的毒害,抑制有益微生物的活动。土壤酸碱性极易受耕作施肥等人为措施的影响,因此有必要定期测定土壤的酸碱度,并对土壤加以改良。施用石灰是改良酸性土壤的重要措施之一。

## 二、方法选择

测定土壤石灰需要量的方法很多,包括田间试验法、土壤—石灰培养法、土壤—碱滴定法、土壤—缓冲剂平衡法等。田间试验法是利用田间对比试验来决定石灰需要量,此法需要的时间太长,故不常采用;土壤—石灰培养法,在培养过程中,由于微生物活动,常常可导致土壤 pH 值下降,因此要达到平衡,常常超过几周,因此该方法较费时;土壤—碱滴定法,土壤中的酸性阳离子用碱的标准溶液滴定,但是由于大部分酸性阳离子不能立即与碱起反应,因此,直接滴定的过程甚为缓慢,而且不够准确;土壤—缓冲剂平衡法克服了上述方法的缺点,能使土壤酸度在比较低而且近于平衡的 pH 下逐渐进行中和,此法模拟了酸性土壤施石灰时引起反应的大致情况,滴定快速,终点明显,在我国各土壤分析实验室广泛采用。

## 三、方法原理(氯化钙交换—中和滴定)

用氯化钙溶液$[c(CaCl_2)=0.2\ mol\cdot L^{-1}]$交换出土壤胶体上吸附的氢离子和铝离子,然后用氢氧化钙标准溶液滴定其酸度,用酸度计指示终点,然后根据氢氧化钙的用量计算石灰需要量。

## 四、实验器具

pH 酸度计(PHS-3C,PHS-4C 型)、复合玻璃电极、磁力搅拌器、烧杯(100 mL)、天平(感量 0.01 g)、洗瓶、玻璃棒、温度计等。

## 五、试剂配制

(1) $0.2\ mol\cdot L^{-1}$氯化钙溶液:称取氯化钙($CaCl_2\cdot 6H_2O$,化学纯)44 g 溶于水中,稀释至 1 L,然后用 $0.03\ mol\cdot L^{-1}$氢氧化钙或稀盐酸调节到 pH 值 7.0。

(2) $0.03\ mol\cdot L^{-1}$氢氧化钙标准溶液:称取经 920℃灼烧 30 min 的氧化钙(CaO,分析纯)4.0 g 溶于 200 mL 无二氧化碳的蒸馏水中,搅拌后放至澄清,倾出上清液于试剂瓶中,用装有苏打石灰管及虹吸管的橡皮塞塞紧,使用时其浓度需用邻苯二甲酸氢钾或盐酸标准溶液标定。

## 六、操作步骤

称取通过 2 mm 筛孔的风干土样 10.00 g 于 100 mL 烧杯中,加入 0.2 mol·L$^{-1}$氯化钙溶液 40 mL,充分搅拌 1 min,插入 pH 复合玻璃电极,边搅拌边用 0.03 mol·L$^{-1}$氢氧化钙标准溶液滴定,直到酸度计上的 pH 值读数为 7.0 时计为终点,记录所消耗氢氧化钙标准溶液的体积。

## 七、结果记录与计算

1. 结果记录

将实验结果记录于表 16-1 中。

**表 16-1　石灰需要量测定结果记录表**

土样名称:　　　　采集地点:　　　　层次深度:　　　　粒径:

| 项目 | 重复次数 | | |
|---|---|---|---|
| | 1 | 2 | 3 |
| 称样质量(g) | | | |
| 消耗 0.03 mol·L$^{-1}$氢氧化钙标准溶液(mL) | | | |
| 石灰需用量(CaO kg·hm$^{-2}$) | | | |
| 平均值 | | | |
| 相对误差 | | | |

测定日期:　　　　　　　　　　　　测定人:

2. 计算公式

石灰需要量以中和每公顷耕层土壤($2\,000 \times 10^4 \sim 2\,600 \times 10^4$ kg)需要用氧化钙(即生石灰,CaO)的千克数计算。但实验室测定条件与田间实际情况有一定差异,施用石灰量的计算方法为:

$$石灰需用量(CaO\,kg·hm^{-2}) = c \times \frac{V}{m \times K} \times 0.028 \times 26\,000\,000 \times 1/2 \quad (16-1)$$

式中　$c$——滴定用氢氧化钙标准溶液的浓度(mol·L$^{-1}$);

　　　$V$——滴定样品时用去氢氧化钙标准溶液的体积(mL);

　　　$m$——风干土样重(g);

　　　$K$——吸湿水系数,即将风干土转换为烘干土系数;

　　　0.028——氧化钙(1/2 CaO)的摩尔质量(kg·mol$^{-1}$);

　　　26 000 000——每公顷(hm$^2$)耕层(20 cm)土壤的质量(kg);

　　　1/2——实验室测定条件与田间实际施用情况差异的校正系数。

## 八、思考题

(1) 简述目前测定石灰需要量几种方法的优缺点？
(2) 为什么氢氧化钙标准溶液需要在使用前进行标定？

# 实验十七　土壤全氮的测定

## 一、目的意义

测定土壤全氮的目的是了解土壤中有机态氮和无机态氮总含量，进而了解土壤中氮的总贮存量，此值可以作为施肥，尤其是施用有机肥的参考，也可以间接地了解自然状况下土壤有机质的归还情况，作为判断土壤肥力，拟定施肥措施的参考值。

## 二、方法选择

测定土壤全氮的方法主要可分为干烧法和湿烧法2类。

干烧法是杜马斯在1831年创设的，又称为杜氏法。其基本过程是把样品放在燃烧管中，以600℃以上的高温与氧化铜一起燃烧，燃烧时通以净化的 $CO_2$，燃烧过程中产生的氧化氮气体通过灼热的铜还原为氮气（$N_2$），CO通过氧化铜转化为 $CO_2$，使 $N_2$ 和 $CO_2$ 的混合气体通过浓的氢氧化钾溶液，以除去二氧化碳，然后在氮素计中测定氮气体积。杜氏法不仅费时，而且操作复杂，需要专门的仪器，但是一般认为与湿烧法比较，干烧法测定的氮较为完全。目前国内外已经将古老的杜氏测定器改造成自动化的定氮仪。应用这些自动定氮仪就可使整个氮（或氮、碳）的分析工作向快速、简便和自动化方向发展，适合现代分析工作的要求。

湿烧法就是常用的开氏法。丹麦人开道尔在1883年用开氏法来研究蛋白质变化，后来开氏法被用来测定各种形态的有机氮，由于设备比较简单易得，结果可靠，为一般实验室所采用。这个方法的主要原理是用浓硫酸消煮，借助加速剂氧化有机质并使有机氮转化为氨进入溶液，最后用标准酸滴定蒸馏出来的氨。土壤全氮的测定方法中湿烧法主要包括重铬酸钾-硫酸消化法、高氯酸-硫酸消化法、硒粉-硫酸铜-硫酸消化法、扩散吸收法等。现重点介绍半微量开氏法和高氯酸-硫酸消化法的原理、测定步骤和计算结果。

## 三、方法原理

1. 半微量开氏法

土壤中的含氮有机化合物在加速剂的参与下，用浓硫酸消煮分解，使其中所含的氮转化为氨，与硫酸结合生成硫酸铵，然后加碱蒸馏，使氨吸收在硼酸溶液中，用标准酸滴定之。主要反应可用下列方程式表示：

$$蛋白质 \longrightarrow 各种氨基酸$$
$$NH_2CH_2COOH + 3H_2SO_4 \longrightarrow NH_3\uparrow + 2CO_2\uparrow + 3SO_2\uparrow + 4H_2O$$
$$2NH_3 + H_2SO_4 \longrightarrow (NH_4)_2SO_4$$
$$(NH_4)_2SO_4 + 2NaOH \longrightarrow Na_2SO_4 + 2H_2O + 2NH_3\uparrow$$

$$NH_3 + H_3BO_3 \longrightarrow H_3BO_3 \cdot NH_3$$
$$2H_3BO_3 \cdot NH_3 + H_2SO_4 \longrightarrow 2H_3BO_3 + (NH_4)_2SO_4$$

2. 高氯酸-硫酸消化法

有机态氮中的蛋白质经过硫酸水解，成为最简单的氨基酸，氨基酸在氧化剂高氯酸的参与下转化成氨，进而与硫酸结合成硫酸铵，样品中的无机的铵态氮则转化成为硫酸铵，样品中极微量的硝态氮则在加热过程中逸出而损失（因而此法测定的全氮量不包括硝态氮在内）。然后再用浓碱蒸馏，使硫酸铵转变为氨而蒸出，被硼酸所吸收，以标准酸滴定。主要反应可用下列方程式表示：

$$NH_2CH_2CONH + 6HClO_4 \longrightarrow NH_3 \uparrow + 2CO_2 \uparrow + 3Cl_2 \uparrow + 9O_2 \uparrow + 4H_2O$$
$$2NH_3 + H_2SO_4 \longrightarrow (NH_4)_2SO_4$$

## 四、实验器具

半微量开氏法：微量蒸馏装置、消化炉、消化管、弯颈小漏斗、锥形瓶、分析天平（感量 0.000 1 g）、半微量滴定管等。高氯酸-硫酸消化法：定氮蒸馏仪，其他仪器与开氏法同。

## 五、试剂配制

1. 半微量开氏法

（1）浓硫酸（$H_2SO_4$，化学纯，比重 1.84）。

（2）混合催化剂：$K_2SO_4$ : $CuSO_4$ : $Se$ = 100 : 10 : 1，称取硫酸钾（$K_2SO_4$）100 g、硫酸铜（$CuSO_4 \cdot 5H_2O$）10 g 和硒粉（Se）1 g，混合研磨，通过 0.25 mm 筛子，消煮时每 1 mL 硫酸加催化剂 0.37 g。

（3）40% NaOH 溶液：称取 NaOH 400 g，加水溶解并不断搅拌，再稀释至 1 000 mL，贮于塑料瓶中。

（4）硼酸指示剂液：称取硼酸 20 g 加水 900 mL 稍稍加热溶解，冷却后，加入定氮混合指示剂 20 mL，然后以 0.1 mol·L$^{-1}$ NaOH 调节溶液至红紫色（pH 值 5.0），最后加水稀释定容至 1 000 mL，使用前将溶液混合均匀，贮于塑料瓶中。

（5）定氮混合指示剂：称取溴甲酚绿 0.099 g 和甲基红 0.066 g 溶于 100 mL 95% 乙醇中。

（6）0.02 mol·L$^{-1}$ 硫酸标准溶液：量取 2.83 mL 浓 $H_2SO_4$ 稀释至 5 000 mL，然后用标准硼酸标定。

（7）纳氏试剂：称取 NaOH 134 g 溶于 460 mL 蒸馏水中，为第一溶液；称碘化钾 20 g 溶于 50 mL 蒸馏水，并加碘化汞使溶液至饱和状态（约 32 g），为第二溶液；然后将两溶液混合即成。

2. 高氯酸-硫酸消化法

（1）浓硫酸（$H_2SO_4$，化学纯，比重 1.84）。

（2）高氯酸：浓度 60%。

(3)40% NaOH 溶液：称取 NaOH 400 g，加水溶解并不断搅拌，再稀释至 1 000 mL，贮于塑料瓶中。

(4)2% 硼酸溶液：称取硼酸 20 g 溶于 60℃ 的蒸馏水中，冷却后稀释至 1 000 mL，加入定氮混合指示剂 5 mL，并用稀 HCl 或稀 NaOH 调节 pH 至 4.5(颜色呈微红色)。

(5)定氮混合指示剂：分别称取甲基红 0.1 g 和溴甲酚绿 0.5 g，溶于 100 mL 95% 乙醇中，研磨后调节 pH 至 4.5。

(6)0.02 mol·L$^{-1}$ 盐酸溶液：取浓 HCl 1.67 mL 稀释至 1 000 mL，然后用标准硼砂标定。

(7)纳氏试剂：称取 NaOH 134 g 溶于 460 mL 蒸馏水中，为第一溶液；称取碘化钾 20 g 溶于 50 mL 蒸馏水，并加碘化汞使溶液至饱和状态(约 32g)，为第二溶液；然后将两液混合即成。

## 六、操作步骤

### 1. 半微量开氏法

(1)准确称取通过 0.25 mm 孔筛的土样 0.5～1.0 g(精确至 0.000 1 g)，放入干燥的 150 mL 开氏瓶或消化管中。

(2)加几滴蒸馏水湿润，并加入 1.85 g 混合催化剂，再加入 5 mL 浓 $H_2SO_4$，轻轻摇匀，以小漏斗盖住开氏瓶口，将开氏瓶斜置于 600～800 W 的电炉上或红外消解炉上(消解炉温度应控制在 360～410℃ 之间)，加热至溶液微沸，继续加热直至溶液呈清澈的淡蓝色，然后继续消煮 0.5～1.0 h，共约 1.5 h(个别样品如分解困难，消煮液转清澈的过程较慢，必须延长 0.5 h 左右)。

(3)消煮结束后，取下开氏瓶稍冷，将全部消煮液进行蒸馏或以 20 mL 水溶解，转入 50 mL 容量瓶，以少量蒸馏水冲洗开氏瓶 3 次，都倒入 50 mL 容量瓶中，最后定容并充分混匀，然后取部分溶液进行蒸馏。

(4)冷却后，将开氏瓶中的消煮液洗入蒸馏室中，从加碱杯加入 25 mL 40% NaOH，通过蒸汽，将盛有 25 mL 2% 的含混合指示剂的 $H_3BO_3$ 溶液的锥形瓶承接于冷凝管下端(管口浸在液面下，以免吸收不完全)。蒸馏 20 min 后，检查蒸馏是否完全(方法是：在冷凝管下端取 1 滴蒸馏液于点滴板上，加 1 滴纳氏试剂，如无黄色，即表示蒸馏完全)；如不完全，则继续蒸馏，直到蒸馏完全为止。

(5)取下锥形瓶，用气压差的原理，倒吸的方法洗去蒸馏瓶中的废液，以备再度使用。把吸收液用 0.02 mol·L$^{-1}$ $H_2SO_4$ 标准液滴定，溶液由蓝绿突变为微红紫色即为终点。

(6)在消煮的同时，另做两份空白试验，即准确称取 0.5～1.0 g(精确至 0.000 1 g)粉状二氧化硅代替土样，其他操作与测定土样相同。记录滴定所需要的 $H_2SO_4$ 的毫升数($V_0$)，取其平均值，以校正滴定和试剂引起的误差。

以上(4)至(6)的蒸馏步骤也可直接利用凯氏定氮仪完成。

### 2. 高氯酸-硫酸法

(1)准确称取通过 0.25 mm 孔筛的土样 0.5～1.0 g(精确至 0.000 1 g)，放入消化管中。

(2)加少许蒸馏水湿润样品，1~2 min 后，加浓 $H_2SO_4$ 3 mL，摇匀，再加 1 滴 60% 的高氯酸，使样品充分湿润。在消化管口加一小漏斗，于消化炉上消煮，温度不宜太高，5~10 min(消化时硫酸不能冒白烟)。

(3)当消化后，样品变为白色或灰白色，表明消化完全，否则，要再加 1~2 滴 60% 的高氯酸继续消化，直至样品呈白色或灰白色(此消解液可同时用于全磷的测定)。

(4)冷却后，把消化管内容物洗入蒸馏室中，从加碱杯加入 25 mL 40% NaOH，通过蒸汽，将盛有 25 mL 2% 硼酸和 1 滴定氮混合指示剂的锥形瓶承接于冷凝管下端(管口浸在锥形瓶中的液面下，以免吸收不完全)。蒸馏 20 min 后，检查蒸馏是否完全(方法是：在冷凝管下端取 1 滴蒸出液于点滴板上，加 1 滴纳氏试剂，如无黄色，即表示蒸馏完全；如不完全，则继续蒸馏，直到蒸馏完全为止)。

(5)取下锥形瓶(先用少量蒸馏水冲冷凝管下端)，用 0.02 mol·L⁻¹ HCl 标准液滴定，溶液由蓝变为微红色即为终点。

(6)实验的同时应做两份空白试验。

## 七、结果记录与计算

1. 半微量开氏法

(1)结果记录：将实验结果记录于表 17-1 中。

**表 17-1 土壤全氮量记录与计算表**

土样名称：　　　　采集地点：　　　　层次深度：　　　　粒径：

| 项目 | 重复次数 | | | 空白1 | 空白2 |
|---|---|---|---|---|---|
| | 1 | 2 | 3 | | |
| 称样质量(g) | | | | | |
| 滴定所用酸体积 $V$(mL) | | | | | |
| 滴定所用酸浓度 $c$(mol·L⁻¹) | | | | | |
| 土壤全氮量(g·kg⁻¹) | | | | | |
| 平均值(g·kg⁻¹) | | | | | |

(2)计算公式：土壤全氮量的计算公式如下。

$$\text{全氮(TN)}(g \cdot kg^{-1}) = \frac{(V - V_0)c \times 14 \times 10^{-3}}{m \times K} \times 1\,000 \tag{17-1}$$

式中　$V$——滴定样品时消耗 $H_2SO_4$ 体积(mL)；

$V_0$——滴定空白时消耗 $H_2SO_4$ 体积(mL)；

$c$——$H_2SO_4$ 的摩尔浓度(mol·L⁻¹)；

14——氮原子的摩尔质量(g·mol⁻¹)；

$10^{-3}$——将体积 mL 单位换算成 L；

$m$——风干土样质量(g);

$K$——吸湿水系数,即将风干土转换为烘干土系数;

1 000——将计算结果换算成 $g \cdot kg^{-1}$。

2. 高氯酸-硫酸消化法

(1)结果记录:将实验结果记录于表17-2中。

表17-2 土壤全氮量记录与计算表

土样名称:　　　　　采集地点:　　　　　层次深度:　　　　　粒径:

| 项　目 | 重复次数 | | | 空白1 | 空白2 |
|---|---|---|---|---|---|
| | 1 | 2 | 3 | | |
| 称样质量(g) | | | | | |
| 滴定所用酸体积 $V$(mL) | | | | | |
| 滴定所用酸浓度 $c$(mol·L$^{-1}$) | | | | | |
| 土壤全氮量(g·kg$^{-1}$) | | | | | |
| 平均值(g·kg$^{-1}$) | | | | | |

测定日期:　　　　　　　　　　　测定人:

(2)计算公式:土壤全氮量的计算公式如下。

$$\text{全氮(TN)}(g \cdot kg^{-1}) = \frac{(V - V_0)c \times 14 \times 10^{-3}}{m \times K} \times 1\,000 \tag{17-2}$$

式中　$V$——滴定样品时消耗 HCl 体积数(mL);

$V_0$——滴定空白时消耗 HCl 体积数(mL);

$c$——HCl 的摩尔浓度(mol·L$^{-1}$);

14——氮原子的摩尔质量(g·mol$^{-1}$);

$10^{-3}$——将体积 mL 单位换算成 L;

$m$——风干土样质量(g);

$K$——吸湿水系数,即将风干土转换为烘干土系数;

1 000——将计算结果换算成 g·kg$^{-1}$。

## 八、注意事项

1. 半微量开氏法

(1)在蒸馏样品待测液前,必须将蒸馏装置进行空蒸 5 min 左右,以使蒸汽发生器及蒸馏系统中可能存在的含氮杂质去除干净,可用纳氏试剂检查。或者,在蒸汽发生器内加入少许硫酸进行酸化,以消除自来水中可能存在的铵离子,但是必须使用玻璃烧瓶代替铁质蒸汽发生器。

(2)消煮时 $H_2SO_4$ 在瓶内回流程度以高达瓶颈 1/3 为好,否则表示温度过高或过低。消化时间不宜过久,消化过久氮可能受到损失。

(3)在加碱前,开氏瓶内的消化液应加水稀释,否则因酸的浓度过大,加浓碱时易引起剧烈的作用,并在瞬间引起氨的损失。

(4)用硼酸作吸收剂的优点是:如果蒸馏产生倒吸现象,可再补加硼酸吸收液,仍可继续蒸馏。

(5) 在蒸馏时必须冷凝充分, 若冷凝不充分, 常会使吸收液发热, 氨因受热而挥发 (用硼酸吸收时)。

(6) 蒸馏时产生倒吸的原因大致有 4 种: 酸稀释的倍数不够, 酸与浓碱作用时产生高热后未及时通入蒸汽又迅速冷却; 蒸汽不足, 中途瓶内温度降低; 先停止加热后再取下三角瓶时也会产生倒吸; 蒸馏时突然停电。解决办法是将蒸汽锅上的盖子打开, 将缓冲管下端脱离吸收液。

(7) 工业用氢氧化钠常含有碳酸钠, 新配的 40% 氢氧化钠不能马上应用, 应放置一天, 使碳酸钠等杂质下沉, 否则在应用时会产生猛烈的气泡。

2. 高氯酸-硫酸消化法

(1) 消化温度不宜过高, 否则高氯酸分解太快, 氧化过于激烈, 会使样品中的有机态氮遭到损失。当无高氯酸(已分解或挥发)时, 硫酸发烟, 对结果不会产生影响。

(2) 高氯酸加入量切忌过多, 否则容易把已经形成的硫酸铵氧化分解, 使结果偏低。

## 九、思考题

(1) 在进行土壤全氮测定时, 干烧法和湿烧法各有什么优缺点?

(2) 在进行土壤全氮消化时, 为什么温度不要过高或过低, 消化时间不宜过久或过短?

# 实验十八　土壤水解性氮的测定

## 一、目的意义

土壤中的水解性氮又称有效性氮。它包括无机态氮(铵态氮、硝态氮)和一部分易分解的有机态氮(氨基酸、酰胺态氮),它们占全氮量的1%,与有机质含量及熟化程度有着密切的关系。

测定土壤中的水解性氮,可以了解土壤的肥力状况和有机质的矿化程度,它在一定程度上反映着土壤氮素在近期内的供应水平。了解水解性氮的含量可以为合理施用氮肥提供依据。

## 二、方法选择

土壤中水解性氮的测定常用的方法有碱解蒸馏法和扩散吸收法,另外,长期以来一直沿用的还有 $0.5\ mol \cdot L^{-1}$ 硫酸浸提土壤的方法(丘林法),但此法是在常温下进行水解,并须放置过夜,故温度不易控制一致,前后结果无法对比。改进了的丘林法,提高了水解时的温度(80℃),固定了水解的时间,在消化方面,当重铬酸钾加入后,不使硫酸发烟,可减少氮的损失,同时加入锌、铁粉,能使70%左右的硝态氮还原,但是,此法仍较费时,特别是石灰性土壤,须根据碳酸钙的含量来提高水解液的酸度。碱解蒸馏法具有较多的优点,适用于各种土壤,锌-硫酸亚铁还原剂能将硝态氮全部还原成铵态氮,并且水解、还原、蒸馏同时进行,加快了分析速度,提高了分析质量,结果有较好的再现性,且同作物氮素的相关性较好。扩散吸收法所需设备简单,在扩散皿中水解、扩散、吸收、滴定,省去蒸馏程序,比较方便,其测定结果与作物氮素相关性也较好。

## 三、方法原理

### 1. 碱解蒸馏法

置土壤样品于半微量定氮蒸馏装置中,用 $1\ mol \cdot L^{-1}$ 氢氧化钠和锌-硫酸亚铁还原剂进行水解、蒸馏,并控制一定时间和蒸馏液体积,将硝态氮在碱性条件下还原为氨而逸出,蒸馏出的氨被2%硼酸溶液吸收,再用标准酸进行滴定。

### 2. 扩散吸收法

用 $1.2\ mol \cdot L^{-1}$ 氢氧化钠水解土壤样品,使有效态氮碱解转化为氨气状态,并不断地扩散逸出,由硼酸吸收,再用标准酸滴定,计算出水解性氮的含量。因旱地土壤中硝态氮较高,需加硫酸亚铁还原成铵态氮,由于硫酸亚铁本身会中和部分氢氧化钠,故须提高加入碱的浓度,使碱度保持 $1.2\ mol \cdot L^{-1}$;因水稻土中硝态氮极微少,可省去加入硫酸亚铁的步骤,直接用 $1.8\ mol \cdot L^{-1}$ 氢氧化钠水解。

## 四、实验器具

1. 碱解蒸馏法

定氮蒸馏仪、量筒、锥形瓶、分析天平(感量0.001 g)、半微量滴定管等。

2. 扩散吸收法

半微量滴定管(5 mL)、扩散皿(外室内径61 mm,内室内径35 mm,如图17-1所示)、烘箱等。

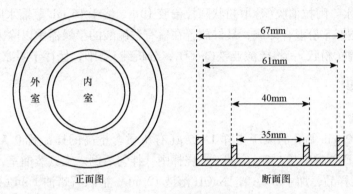

图 17-1  微量扩散皿样图

## 五、试剂配制

1. 碱解蒸馏法

(1) 4 mol·L$^{-1}$ NaOH 溶液:称取 NaOH(化学纯)160 g,溶于水中,定容至 1 000 mL。

(2) 2% 硼酸溶液:称取硼酸 20 g 溶于 60 ℃的蒸馏水中,冷却后稀释至 1 000 mL,加入定氮混合指示剂 5 mL,并用稀 HCl 或稀 NaOH 调节 pH 至 4.5(颜色呈微红色)。

(3) 定氮混合指示剂:分别称取甲基红 0.1 g 和溴甲酚绿 0.5 g,溶于 100 mL 95% 乙醇中,研磨后调节 pH 至 4.5。

(4) 0.01 mol·L$^{-1}$ 盐酸溶液:吸取 8.3 mL 浓 HCl 于盛有 80 mL 蒸馏水的烧杯中,冷却后定容至 100 mL,然后吸取 10 mL 该溶液(1 mol·L$^{-1}$)定容至 1 000 mL,然后用 0.1 mol·L$^{-1}$ 硼酸标准溶液(准确称取在干燥器内平衡过 1 周的分析纯硼酸 19.068 g,溶于水中,定容至 1 000 mL)标定。

(5) 锌铁粉:称取锌粉 10 g 和 FeSO$_4$·7H$_2$O 50 g 共同磨细,通过 0.25 mm 筛孔,贮于棕色瓶中备用(易氧化,只能保存 1 周)。

(6) 液状石蜡油。

2. 扩散吸收法

(1) 1.8 mol·L$^{-1}$ 氢氧化钠溶液:称取 NaOH(化学纯)72 g,用水溶解,冷却后定容至 1 000 mL(适用于旱地土壤)。

(2) 1.2 mol·L$^{-1}$ 氢氧化钠溶液:称取 NaOH(化学纯)48 g,用水溶解,冷却后定容至 1 000 mL(适用于水稻土)。

(3) 2% 硼酸溶液:称取硼酸 20 g 溶于 60 ℃的蒸馏水中,冷却后稀释至 1 000 mL,加入 5 mL 定氮混合指示剂,并用稀 HCl 或稀 NaOH 调节 pH 至 4.5(颜色呈微红色)。

(4)定氮混合指示剂:分别称取甲基红 0.1 g 和溴甲酚绿 0.5 g,溶于 100 mL 95% 乙醇中,研磨后调节 pH 至 4.5。

(5)0.01 mol·L$^{-1}$ 盐酸溶液:吸取 8.3 mL 浓 HCl 于盛有 80 mL 蒸馏水的烧杯中,冷却后定容至 100 mL,然后吸取 10 mL 该溶液(1 mol·L$^{-1}$)定容至 1 000 mL,然后用 0.1 mol·L$^{-1}$ 硼砂标准溶液(准确称取在干燥器内平衡过 1 周的硼砂(分析纯)19.068 g,溶于水中,定容至 1 000 mL)标定。

(6)特制胶水:阿拉伯胶(称取粉状阿拉伯胶 10 g,溶于 15 mL 蒸馏水中)10 份、甘油 10 份、饱和碳酸钾 5 份混合即成,最好放置在盛有浓硫酸的干燥器中以除去氨。

(7)硫酸亚铁(粉状):将硫酸亚铁($FeSO_4$,分析纯)磨细,保存于阴凉干燥处。

## 六、操作步骤

### 1. 碱解蒸馏法

(1)称取过 2 mm 筛孔的风干土样 1~5 g(有机质含量高的样品称 0.5~1 g,精确至 0.001 g)。加还原剂锌铁粉 1.2 g,置于小烧杯中,拌匀后倒入定氮蒸馏室,并用少量蒸馏水冲洗壁上面的样品,加 4 mol·L$^{-1}$ NaOH 溶液 12 mL,液状石蜡油 1 mL(防止发泡),使蒸馏室内总体积达 50 mL 左右,此时剩余碱的浓度约为 1 mol·L$^{-1}$。

(2)吸取 10 mL 2% 的硼酸溶液,放入 150 mL 三角瓶中。置于冷凝管的承接管下,将管口浸入硼酸溶液中,以防氨损失。

(3)通气蒸馏,待三角瓶中溶液颜色由红变蓝时计时,继续蒸馏 10 min,并调节蒸汽大小,使三角瓶中溶液体积在 50 mL 左右,用少量蒸馏水冲洗浸入硼酸溶液中的承接管下端。

(4)取出后用 0.01 mol·L$^{-1}$ 的盐酸滴定,颜色由蓝变至微红色即为终点。

(5)测定时须做空白试验,即除不加土样外,其他均与样品操作方法相同。

### 2. 扩散吸收法

(1)称取通过 1 mm 筛孔的风干土样 2 g(精确至 0.01 g)和硫酸亚铁粉剂 1 g,均匀铺在扩散皿外室内,水平地轻轻旋转扩散皿,使样品铺平(水稻土样品则不必加入硫酸亚铁)。

(2)在扩散皿内室中加入 2 mL 2% 硼酸溶液,然后在皿的外室边缘涂上特制胶水,盖上毛玻璃,并旋转数次,以使毛玻璃与皿边完全黏合,再慢慢转开毛玻璃的一边,使扩散皿露出一条狭缝,迅速加入 10 mL 1.8 mol·L$^{-1}$ 氢氧化钠溶液(水稻土样品则加入 10 mL 1.2 mol·L$^{-1}$ 氢氧化钠)于皿的外室中,立即用毛玻璃盖严。

(3)水平地轻轻旋转扩散皿,使溶液与土壤充分混匀,用橡皮筋固定,随后放入 40℃ 的烘箱中,24 h 后取出,再以 0.01 mol·L$^{-1}$ 盐酸标准溶液用半微量滴定管滴定内室硼酸中所吸收的氨量(由蓝色滴到微红色)。

## 七、结果记录与计算

1. 碱解蒸馏法

(1) 结果记录:将实验结果记录于表 18-1 中。

**表 18-1　土壤水解性氮记录与计算表(一)**

土样名称:　　　　采集地点:　　　　层次深度:　　　　粒径:

| 项目 | 重复次数 | | | 空白1 | 空白2 |
|---|---|---|---|---|---|
| | 1 | 2 | 3 | | |
| 称样质量(g) | | | | | |
| 滴定所用酸体积 $V$(mL) | | | | | |
| 滴定所用酸浓度 $c$(mol·L$^{-1}$) | | | | | |
| 土壤水解性氮含量(mg·kg$^{-1}$) | | | | | |
| 平均值(mg·kg$^{-1}$) | | | | | |

测定日期:　　　　　　　　　　测定人:

(2) 计算公式:土壤水解性氮含量的计算如下。

$$\text{水解性氮含量}(\text{mg} \cdot \text{kg}^{-1}) = \frac{(V - V_0)c \times 14}{m \times K} \times 1\,000 \tag{18-1}$$

式中　$V$——滴定样品消耗盐酸的体积(mL);
　　　$V_0$——滴定空白消耗盐酸的体积(mL);
　　　$c$——盐酸的摩尔浓度(mol·L$^{-1}$);
　　　14——氮原子的摩尔质量(g·mol$^{-1}$);
　　　$m$——风干土样质量(g);
　　　$K$——吸湿水系数,即将风干土转换为烘干土系数。

2. 扩散吸收法

(1) 结果记录:将实验结果记录于表 18-2 中。

**表 18-2　土壤水解性氮记录与计算表(二)**

土样名称:　　　　采集地点:　　　　层次深度:　　　　粒径:

| 项目 | 重复次数 | | | 空白1 | 空白2 |
|---|---|---|---|---|---|
| | 1 | 2 | 3 | | |
| 称样质量(g) | | | | | |
| 滴定所用酸体积 $V$(mL) | | | | | |
| 滴定所用酸浓度 $c$(mol·L$^{-1}$) | | | | | |
| 土壤水解性氮含量(mg·kg$^{-1}$) | | | | | |
| 平均值(mg·kg$^{-1}$) | | | | | |

测定日期:　　　　　　　　　　测定人:

(2)计算公式:土壤水解性氮含量的计算公式如下。

$$\text{水解性氮含量}(\text{mg} \cdot \text{kg}^{-1}) = \frac{(V - V_0)c \times 14}{m \times K} \times 1\,000 \qquad (18\text{-}2)$$

式中　$V$——滴定样品消耗盐酸体积(mL);

$V_0$——滴定空白消耗盐酸体积(mL);

$c$——盐酸的摩尔浓度($\text{mol} \cdot \text{L}^{-1}$);

14——氮的摩尔质量($\text{g} \cdot \text{mol}^{-1}$);

$m$——风干土样质量(g);

$K$——吸湿水系数,即将风干土转换为烘干土系数。

根据两种方法的实验结果,并结合表18-3诊断出土样全氮量及水解性氮含量等级。

表18-3　我国农业土壤全氮及水解性氮含量的等级标准

| 项目名称 | 高量 | 中量 | 低量 |
| --- | --- | --- | --- |
| 全氮量($\text{g} \cdot \text{kg}^{-1}$) | >1.5 | 1.0~1.5 | <1.0 |
| 水解性氮含量($\text{mg} \cdot \text{kg}^{-1}$) | >100 | 50~100 | <50 |

## 八、注意事项

1. 碱解吸收法

(1)样品必须过0.25 mm孔筛的筛子,若样品太粗,易把蒸馏瓶中的管子堵塞。

(2)控制蒸汽流量,如果蒸汽太大,容易使碱液冲向定氮球,同时会使蒸馏液体积太大,结果偏高;如果蒸汽太小,会使水解不完全,蒸馏出的体积太小,致使结果偏低。所以必须调节蒸汽量,使其在8 min内蒸馏体积达40 mL(其中有10 mL硼酸),不必检查蒸馏是否完全。

(3)加液状石蜡油是为了防止发泡,但开始蒸馏时速度要慢,否则泡沫也会冲进定氮球。

2. 扩散吸收法

(1)为加速氨的扩散吸收作用,可在一定范围内提高温度(由25℃增高到37~40℃,最高不得超过45℃),或间歇摇动2~3次,也可选用大的扩散皿以增加硼酸吸收液用量。

(2)滴定时应用玻璃棒小心搅动内室溶液(切不可摇动扩散皿),同时逐滴加入酸标准液,接近终点时,用玻璃棒在滴定管尖端蘸取标准酸液后再搅拌内室,以防滴过终点。

(3)特制胶水由于用强碱制成,绝不能玷污内室溶液,否则会使结果偏高。扩散过程中,扩散皿必须盖严以防漏气。

## 九、思考题

(1)在进行土壤水解性氮含量测定时,用于回滴的盐酸为什么要进行标定?

(2)土壤中全氮、水解性氮与速效氮有什么区别与联系?

# 实验十九 土壤铵态氮的测定

## 一、目的意义

作物体内的氮主要来自土壤中的铵态氮和硝态氮,因此除了对土壤有效氮的测定外,还可将土壤中的硝态氮、铵态氮的含量作为土壤肥力研究的指标之一。通常土壤中铵态氮的含量为 $1.4 \sim 30$ mg·kg$^{-1}$,最高可达 50 mg·kg$^{-1}$(如东北黑土等)。

## 二、方法选择

土壤中的铵态氮包括水溶态和交换态两种形态。目前,土壤中 $NH_4^+$-N 的测定主要有直接蒸馏法和浸提法两种。直接蒸馏法可能导致测定结果偏高,故目前较多地采用中性盐浸提法(常用中性盐如 $K_2SO_4$、KCl、NaCl 等),而浸提液中的氮测定则可选用蒸馏法、氨气敏电极法、比色法以及流动分析仪注射分析法。

浸提蒸馏法的操作简便,易于控制条件,但适合于 $NH_4^+$-N 含量较高的土壤。氨气敏电极法测定土壤中的 $NH_4^+$-N,操作简便、快速,灵敏度较高,重复性和测定范围都很好,但仪器的质量必须可靠。比色法测定主要有靛酚蓝比色法和纳氏试剂比色法,靛酚蓝比色法中浸提液中的铵态氮在强碱性介质中与次氯酸盐和苯酚作用,生成水溶性染料靛酚蓝,显示稳定,测定范围适宜;而传统的纳氏试剂比色法则由于显色稳定时间较短(30 min)而影响测定结果的准确性,但随着分析仪器的不断发展,基于纳氏比色法基本原理的流动注射分析仪法则更为简便、快捷、准确。

## 三、实验原理

1. 靛酚蓝比色法

用 2 mol·L$^{-1}$ KCl 溶液浸提土壤,把土壤溶液中的 $NH_4^+$ 以及吸附在土壤胶体上的 $NH_4^+$ 浸提出来。土壤浸提液中的铵态氮在强碱性介质中与次氯酸盐和苯酚作用,生成水溶性染料靛酚蓝,溶液的颜色很稳定,且在含氮 $0.05 \sim 0.5$ mg·L$^{-1}$ 的范围内,消光度与铵态氮含量呈正比,可通过比色法测定。

2. 流动注射分析法

土壤样品用 1 mol·L$^{-1}$ KCl 溶液浸提、过滤后,浸提液经流动分析注射系统时,铵离子在碱性条件下与纳氏试剂络合生成黄色络合物,在 590 nm 波长下有最大吸收,仪器基于纳氏比色法和标准曲线自动计算氮含量。交换作用与络合反应式如下:

$$\boxed{土壤胶体}\, NH_4^+ + KCl \longrightarrow \boxed{土壤胶体}\, K^+ + NH_4Cl \tag{1}$$

$$NH_4Cl + NaOH \longrightarrow NaCl + NH_4OH \tag{2}$$

$$NH_4OH + 2K_2HgI_4 + 3KOH \longrightarrow HgO \cdot HgNH_2I + 7KI + 3H_2O \tag{3}$$

## 四、实验器具

### 1. 靛酚蓝比色法

天平(感量0.001 g)、三角瓶、往复式振荡机、离心机、离心管(100 mL)、分光光度计等。

### 2. 流动注射分析法

流动注射分析仪(配铵态氮、硝态氮通道和自动进样装置)、天平(感量0.001 g)、pH计、往复式震荡机、还原镉柱(将硝态氮还原为亚硝态氮,流动注射分析仪配备)、针孔式过滤器(0.45 μm 水系)等。

## 五、试剂配制

### 1. 靛酚蓝比色法

(1) $2\ mol \cdot L^{-1}$ KCl溶液:称取149.1 g氯化钾(KCl,化学纯)溶于水中,稀释至1 L。

(2) 苯酚溶液:称取苯酚($C_6H_5OH$,化学纯)10 g和硝基铁氰化钠[$Na_2Fe(CN)_5NO \cdot H_2O$] 100 mg,稀释至1 L。此试剂不稳定,须贮存于棕色瓶中,在4℃冰箱保存。

(3) 次氯酸钠碱性溶液:称取氢氧化钠(NaOH,化学纯)10 g、磷酸氢二钠($Na_2HPO_4 \cdot 7H_2O$,化学纯)7.06 g、磷酸钠($Na_3PO_4 \cdot 12H_2O$,化学纯)31.8 g和$52.5\ g \cdot L^{-1}$次氯酸钠(NaOCl,化学纯,即含有5%有效氯的漂白粉溶液)10 mL溶于水中,稀释至1 L,贮存于棕色瓶中,在4℃冰箱保存。

(4) 掩蔽剂:将$400\ g \cdot L^{-1}$的酒石酸钾钠($KNaC_4H_4O_6 \cdot 4H_2O$)与$100\ g \cdot L^{-1}$的EDTA二钠盐等体积混合。每100 mL混合液中加入$10\ mol \cdot L^{-1}$的氢氧化钠溶液0.5 mL。

(5) $2.5\ \mu g \cdot mL^{-1}$铵态氮($NH_4^+$-N)标准溶液。称取干燥的硫酸铵[$(NH_4)_2SO_4$] 0.4717 g溶于水中,洗入容量瓶后定容至1 L,制备成含铵态氮(N)$100\ \mu g \cdot mL^{-1}$的储备液;使用前将其加水稀释40倍,即配置成含铵态氮(N)$2.5\ \mu g \cdot mL^{-1}$的标准溶液备用。

### 2. 流动注射分析法

(1) $1\ mol \cdot L^{-1}$ KCl溶液:称取氯化钾(KCl,优级纯)74.55 g溶于水中,稀释至1 L。

(2) $0.5\ mol \cdot L^{-1}$ NaOH溶液:称取氢氧化钠(NaOH,优级纯)10.0 g,溶于无$CO_2$水中,并用无$CO_2$水定容至500 mL。

(3) 纳氏试剂,可选择下列任一种方法进行配置。

① 氯化汞-碘化钾-氢氧化钾($HgCl_2$-KI-KOH)溶液:

称取氢氧化钾(KOH)15.0 g溶于50 mL水中,冷却至室温。

称取碘化钾(KI)5.0 g,溶于10 mL水中,将2.50 g氯化汞($HgCl_2$)粉末多次加入碘化钾溶液中,直到溶液呈深黄色或出现红色沉淀溶解缓慢时,充分搅拌混合,并改为滴加氯化汞饱和溶液,当出现少量朱红色沉淀不再溶解时,停止滴加。

在搅拌下,将冷却的氢氧化钾溶液缓慢地加入上述氯化汞和碘化钾的混合液中,并稀释至10 mL,于暗处静置24 h,倾出上清液,贮于聚乙烯瓶内,用橡皮塞或聚乙烯盖子盖紧,存于暗处,可稳定1个月。

②碘化汞-碘化钾-氢氧化钠($HgI_2$-KI-KOH)溶液：

称取氢氧化钠（NaOH）16.0 g 溶于 50 mL 水中，冷却至室温。

称取碘化钾（KI）7.0 g 和碘化汞（$HgI_2$）10.0 g，溶于水中，然后将此溶液在搅拌下，缓慢加入上述 50 mL 氢氧化钠溶液中，用水稀释至 100 mL。贮于聚乙烯瓶内，用橡皮塞或聚乙烯盖子盖紧，于暗处存放，有效期 1 年。

（4）显色剂：量取 10.0 mL 纳氏试剂，加水稀释并定容至 500 mL，混匀，此溶液有效期为 24 h。

（5）氯化铵标准储备液（1 000 mg·$L^{-1}$）：称取氯化铵（$NH_4Cl$，优级纯，于 105℃下烘干 2~3 h）3.819 g，用适量水溶解，移入 1 000 mL 容量瓶中，用水定容，混匀。4℃下避光保存，有效期 3 个月，或使用有证标准物质。

（6）氯化铵标准使用液（20 mg·$L^{-1}$）：准确吸取 5.0 mL 氯化铵标准储备液于 250 mL 容量瓶中，然后用 1 mol·$L^{-1}$ KCl 溶液定容，混匀。该溶液用时现配。

## 六、操作步骤

1. 靛酚蓝比色法

（1）待测浸提液制备：称取相当于 20.00 g 干土的新鲜土样（若是风干土，过 2 mm 筛）准确到 0.01 g，置于 200 mL 三角瓶中，加入 1 mol·$L^{-1}$ 的氯化钾溶液 100 mL，室温下振荡 1 h。取出静置，待土壤-氯化钾悬浊液澄清后，吸取一定量的上清液进行分析（或转移约 60 mL 振荡后的悬浊液于 100 mL 聚乙烯离心管中，在 3 000 r·$min^{-1}$ 的转速下离心 10 min。将约 50 mL 上清液转移至 50 mL 聚乙烯瓶中，待测）。

（2）比色：吸取土壤浸出液 2~10 mL（含 $NH_4^+$-N 2~25 μg）放入 50 mL 容量瓶中，用氯化钾溶液补充至 10 mL，然后加入苯酚溶液 5 mL 和次氯酸钠碱溶液 5 mL，摇匀。在 20℃ 左右的室温下放置 1 h 后，加掩蔽剂 1 mL 以溶解可能产生的沉淀物，然后用水定容至刻度。用 1 cm 比色皿在 625 nm 波长处进行比色，读取消光度。

（3）标准曲线配置：分别吸取 0.00 mL、2.00 mL、4.00 mL、6.00 mL、8.00 mL、10.00 mL $NH_4^+$-N 标准溶液于 50 mL 容量瓶中，各加入 10 mL 氯化钾溶液，同（2）步骤进行比色测定。

2. 流动注射分析法

（1）待测浸提液制备：称取新鲜土壤样品 20.00 g，于 250 mL 具塞锥形瓶（或聚乙烯瓶）中，加入 100 mL 1 mol·$L^{-1}$ 的氯化钾溶液，室温下振荡 1 h。使用中速滤纸过滤，之后采用针孔式过滤器 0.45 μm 水系滤膜过滤，制得待测浸提液，上机测定。

（2）另称取一份新鲜土壤样品 20.00 g，按照实验六土壤水分的测定方法测定其含水量。

（3）空白浸提液制备：加入 100 mL 1 mol·$L^{-1}$ 的氯化钾溶液于 250 mL 具塞锥形瓶（或聚乙烯瓶）中，按照与待测液提取制备相同步骤制备空白提取液。

（4）标准曲线配制：分别量取 0.0 mL、0.5 mL、2.5 mL、5.0 mL、10.0 mL、25.0 mL 氯化铵标准使用液于一系列 100 mL 容量瓶中，用 1 mol $L^{-1}$ 氯化钾溶液定容，混匀，制备标准系列溶液，铵态氮浓度分别为 0.0 mg·$L^{-1}$、0.5 mg·$L^{-1}$、1.0 mg·$L^{-1}$、2.0 mg·

$L^{-1}$、$5.0\ mg·L^{-1}$。此标准溶液用时现配。按仪器参考条件测定,将流动注射分析仪的溶液吸管分别置于氢氧化钠和显色剂中,待基线稳定后依次进样测定各标准系列溶液,仪器自动绘制标准曲线并计算线性回归方程。

(5)进行测定前,参照仪器使用说明书,选择工作条件和指定工作参数(参加附录A)。

## 七、结果记录与计算

1. 靛酚蓝比色法

(1)结果记录:将实验结果记录于表19-1中。

表19-1 土壤铵态氮记录与计算表(一)

土样名称:　　　　采集地点:　　　　层次深度:　　　　粒径:

| 项 目 | 重复次数 | | | 空白 | |
|---|---|---|---|---|---|
| | 1 | 2 | 3 | 1 | 2 |
| 称样质量(g) | | | | | |
| 浸提剂用量(mL) | | | | | |
| 显色吸取量(mL) | | | | | |
| 显色体积(mL) | | | | | |
| 消光值 A | | | | | |
| 查得浓度($\mu g·mL^{-1}$) | | | | | |
| 土壤铵态氮含量($mg·kg^{-1}$) | | | | | |
| 平均值($mg·kg^{-1}$) | | | | | |

测定日期:　　　　　　　　　　测定人:

(2)计算公式

$$W_N = \frac{\rho \times V \times ts}{m} \tag{19-1}$$

式中　$W_N$——土壤样品中铵态氮含量($mg·kg^{-1}$);

　　　$\rho$——显色液铵态氮的质量浓度($\mu g·mL^{-1}$);

　　　$V$——显色液体积(mL);

　　　$ts$——分取倍数;

　　　$m$——新鲜土壤样品的质量(g)。

2. 流动注射分析法

(1)结果记录:将实验结果记录于表19-2中。

(2)计算公式:采用流动注射分析法,土壤样品中铵态氮含量按式(19-2)和式(19-3)进行计算。

$$V = V_1 + \frac{m \times K}{d_{H_2O}} \tag{19-2}$$

式中　$V$——浸提液的体积与土壤水分的体积之和(mL);

　　　$V_1$——浸提液的体积(mL);

$m$——新鲜土壤样品的质量(g);

$K$——新鲜土壤样品含水量(%);

$d_{H_2O}$——水的密度($1.0 \text{g} \cdot \text{mL}^{-1}$)。

$$W_N = \frac{(c - c_0) \times V}{m \times (1 - K)} \times n \quad (19\text{-}3)$$

式中 $W_N$——土壤样品中铵态氮含量($\text{mg} \cdot \text{kg}^{-1}$);

$c$——测试土壤样品中铵态氮含量($\text{mg} \cdot \text{L}^{-1}$);

$c_0$——测试空白样品中铵态氮含量($\text{mg} \cdot \text{L}^{-1}$);

$n$——稀释倍数,浸提总体积/吸取体积;

$V$,$m$,$K$ 符号意义同式(19-2)。

表 19-2 土壤铵态氮记录与计算表(二)

土样名称：　　　　采集地点：　　　　层次深度：　　　　粒径：

| 项 目 | 重复次数 | | | 空白 | |
|---|---|---|---|---|---|
| | 1 | 2 | 3 | 1 | 2 |
| 称样质量(g) | | | | | |
| 浸提剂用量(mL) | | | | | |
| 测试吸取量(mL) | | | | | |
| 测试样铵态氮含量($\text{mg} \cdot \text{L}^{-1}$) | | | | | |
| 土壤铵态氮含量($\text{mg} \cdot \text{kg}^{-1}$) | | | | | |
| 平均值($\text{mg} \cdot \text{kg}^{-1}$) | | | | | |

测定日期：　　　　　　　　　　　　测定人：

## 八、注意事项

1. 采用靛酚蓝比色法

测定铵态氮含量的过程中,需要注意的是显色后需要在 20 ℃左右放置 1 h,再加入掩蔽剂。过早加入会使显色反应很慢,蓝色偏弱；加入过晚,则生成的氢氧化物沉淀可能老化而不易溶解。

2. 采用流动注射分析法

在测定铵态氮含量的过程中,参见表 19-3 工作参数,具体需要注意以下几点：

(1)如果土壤浸提液由于有机质而有较深的颜色,则可用无铵活性炭和无硝态氮活性炭除去。

(2)土壤中亚硝酸根的干扰：如果亚硝酸根含量超过 $1 \text{ mg} \cdot \text{L}^{-1}$ 时,则需在每 10 mL 浸提液中加入 20 mg 尿素,并放置过夜,以掩蔽亚硝酸根。检查亚硝酸根的方法：可取待测液 5 滴于白瓷板上,加入亚硝酸试粉 0.1 g,用玻璃棒搅拌后,放置 10 min,如有红色出现,即有约 $1 \text{ mg} \cdot \text{L}^{-1}$ 亚硝酸根存在,如果红色极浅或无色,则可省去上述步骤。

(3)浸提液需要在 24 h 之内分析完毕,否则应保存在 4 ℃冰箱中,保存时间不超过 7 d。

表 19-3  流动注射分析仪铵态氮、硝态氮测定工作参数

| 检测项目 | 参比波长(nm) | 测量波长(nm) | 注射体积(μL) | 注射时间(s) | 充满时间(s) | 测量时间(s) | 样品杯时间(s) | 冲洗时间(s) | 泵速(r·min$^{-1}$) |
|---|---|---|---|---|---|---|---|---|---|
| 铵态氮 | 720 | 590 | 40 | 20 | 30 | 50 | 30 | 20 | 40 |
| 硝态氮 | 720 | 540 | 40 | 20 | 40 | 60 | 40 | 20 | 40 |

## 九、思考题

(1) 靛酚蓝比色法测定土壤铵态氮的优缺点是什么？

(2) 流动注射分析法测定土壤铵态氮的基本原理是什么？

# 实验二十　土壤硝态氮的测定

## 一、目的意义

硝态氮属于植物能直接吸收利用的速效性氮素，在土壤中（干旱地区除外）一般含量较少，且其含量随时间和植物不同生育阶段而有显著的差异。硝态氮不易被土壤吸附，易随水流失。随着农业生产的快速发展，肥料的过量施用往往导致水体面源污染的产生，尤以硝态氮累积造成的水体污染问题最为突出。为进一步了解土壤中硝态氮的含量、积累以及迁移规律等，则需对土壤硝态氮进行测定。

## 二、方法选择

硝态氮不易被土壤吸附，存在于土壤溶液中，可采用水或中性盐溶液提取。浸提液中的 $NO_3^-$-N 可采用还原蒸馏法、电极法、比色法、紫外分光光度法和流动注射仪法等测定。

还原蒸馏法是在蒸馏时加入适当的还原剂，如戴氏合金（Devarda's alloy）或 Zn – FeSO$_4$，将土壤中的 $NO_3^-$-N 还原成 $NH_4^+$-N 后，再进行测定，但此法只适合于 $NO_3^-$-N 较高的土壤。硝酸银电极测定土壤中的 $NO_3^-$-N 较一般常规法快速和简便，虽然有土壤浸出液中各种干扰离子和 pH 的影响以及电极液膜本身的不稳定因素的影响，但其准确度仍然较高。比色法中的酚二磺酸比色法灵敏度、准确度及重现性均较高，但操作手续较繁，特别是蒸干过程耗时较长，不适合大批量样品测定。而醋酸-硝酸试粉比色法适用于含有氯化物和硝态氮含量较高的土壤，对于肥力较低的土壤，不够灵敏。目前，随着分析仪器的不断发展，较多地采用紫外分光光度计和流动注射分析仪法测定土壤中硝态氮含量。

## 三、方法原理

### 1. 紫外分光光度法

利用土壤浸出液中硝酸根离子在 220 nm 波长附近有明显吸收且消光度大小与硝酸根离子浓度呈正比的特性，对硝态氮含量进行测定。利用溶解性有机物在 220 nm 和 275 nm 波长处均有吸收，而硝酸根离子在 275 nm 波长处没有吸收的特性，测定土壤浸出液在 275 nm 处的消光度，乘以一个校正因数（$f$ 值）以消除有机质吸收 220 nm 波长而造成的干扰。

### 2. 流动注射分析法

土壤样品用 2 mol·L$^{-1}$ KCl 溶液浸提、过滤后，浸提液经流动分析注射系统时，硝酸根被镉柱还原成亚硝酸根离子与 4-氨基苯磺酸反应生成重氮盐，再与 N-(1-萘基)-乙二胺二盐酸盐偶联生成红色染料，在 540 nm 波长下有最大吸收，其工作原理实为比色法。反应式如下：

$$2HCl + KNO_2 + H_2N-\!\!\!\fbox{\phantom{x}}\!\!\!-SO_3H \longrightarrow SO_3H-\!\!\!\fbox{\phantom{x}}\!\!\!-\overset{+}{N}\!\!=\!\!N\ Cl^- + KCl + 2H_2O \qquad (1)$$

$$SO_3H-\!\!\!\!\bigcirc\!\!\!\!-\overset{+}{N}\!\!\equiv\!\!N\ Cl^- + 2HCl \cdot H_2NH_2CH_2CH_2CHN-\!\!\!\!\bigcirc\!\!\!\!\bigcirc \longrightarrow \qquad (2)$$

$$H_2NH_2CH_2CH_2CHN-\!\!\!\!\bigcirc\!\!\!\!\bigcirc-\!\!\!N\!\!=\!\!N-\!\!\!\!\bigcirc\!\!\!\!-SO_3H + 3HCl$$

## 四、实验器具

1. 紫外分光光度法

天平(感量 0.001 g)、聚乙烯瓶(500 mL)、往复式振荡机、离心机、离心管(100 mL)、紫外分光光度计(配有 10 mm 光程的石英比色皿)等。

2. 流动注射分析法

流动注射分析仪(配铵态氮、硝态氮通道和自动进样装置)、天平(感量 0.001 g)、pH 计、往复式震荡机、还原镉柱(将硝态氮还原为亚硝态氮,流动注射分析仪配备)、针孔式过滤器(0.45 μm 水系)等。

## 五、试剂配制

1. 紫外分光光度法

(1) 1 mol·L$^{-1}$ KCl 溶液:称取氯化钾(KCl,分析纯)74.55 g,加入约 400 mL 水溶解,溶解后转移到 1 000 mL 容量瓶中定容,摇匀。

(2) 1 000 mg·L$^{-1}$ 硝态氮标准储备液:精确称取经 110 ℃±5 ℃烘干 2 h 的硝酸钾(KNO$_3$,分析纯)7.218 2 g,加入约 50 mL 水溶解。溶解后转移到 1 000 mL 容量瓶中定容,摇匀,贮于 4℃冰箱。

(3) 100 mg·L$^{-1}$ 硝态氮标准中间液:准确吸取 1 000 mg·L$^{-1}$ 硝态氮标准储备液 10 mL 于 100 mL 容量瓶中定容,摇匀,现用现配。

2. 流动注射分析法

(1) 1 mol·L$^{-1}$ KCl 溶液:同紫外分光光度法。

(2) 氯化铵缓冲液:称取经 105 ℃烘干 2 h 的氯化铵(NH$_4$Cl)85 g 溶于 500 mL 水中,溶液平衡至室温。加入约 12 mL 氨水(NH$_4$OH),用水稀释,调节 pH 到 8.5,定容至 1 000 mL,混匀。

(3) 磺胺溶液:称取磺胺(4-氨基苯磺酰胺,C$_6$H$_8$N$_2$O$_2$S)5.0 g 溶解于 250 mL 水中,加 25 mL 盐酸(HCl,37%),仔细搅拌混合后,移入 500 mL 容量瓶,用水定容,混匀。4℃下避光保存,有效期 3 个月。

(4) NED 溶液:称取 NED [N-(1-萘基)-乙二胺二盐酸盐,C$_{12}$H$_{14}$N$_2$·2HCl] 0.500 g 溶于 250 mL 水中,移入 500 mL 容量瓶中,用水定容,混匀。4 ℃下避光保存,此溶液有效期 7 d。

(5) 1 000 mg·L$^{-1}$ 硝酸钠标准储备溶液:称取经 105 ℃烘干 2 h 的硝酸钠(NaNO$_3$)6.068 g,用适量水溶解,移入 1 000 mL 容量瓶中,用水定容,混匀。4℃下避光保存,有效期3个月，或使用有证标准物质。

(6) 20 mg·L$^{-1}$硝酸钠标准使用液：准确吸取5.0 mL硝酸钠标准储备液于250 mL容量瓶中，然后用1 mol·L$^{-1}$氯化钾溶液稀释定容，混匀。现配现用。

## 六、操作步骤

1. 紫外分光光度法

(1) 待测浸提液制备：称取新鲜土壤样品40 g（精确至0.01 g）于500 mL聚乙烯瓶中，加入200 mL 1 mol·L$^{-1}$的氯化钾溶液，旋紧瓶盖，置于往复式振荡机，室温条件下以220 r·min$^{-1}$振荡1 h。转移约60 mL悬浊液于100 mL聚乙烯离心管中，在3 000 r·min$^{-1}$的转速下离心10 min。将约50 mL上清液转移至50 mL聚乙烯瓶中，待测。

(2) 另称取一份新鲜土壤样品20.0 g，按照实验六土壤水分的测定方法测定其含水量。

(3) 空白浸提液制备：加入200 mL 1 mol·L$^{-1}$的氯化钾溶液于250 mL具塞锥形瓶（或聚乙烯瓶）中，按照与待测液提取制备相同步骤制备空白提取液，每批样品应制备2个以上空白试验。

(4) 标准曲线配置及测定：分别吸取0.00 mL、0.50 mL、1.00 mL、2.00 mL、3.00 mL、4.00 mL 100 mg·L$^{-1}$的硝态氮标准中间液于100 mL容量瓶中，用1 mol·L$^{-1}$氯化钾溶液定容，摇匀后得到浓度分别为0.00 mg·L$^{-1}$、0.50 mg·L$^{-1}$、1.00 mg·L$^{-1}$、2.00 mg·L$^{-1}$、3.00 mg·L$^{-1}$、4.00 mg·L$^{-1}$的硝态氮标准液。

用光程长10 mm石英比色皿，在220 nm和275 nm波长处，以氯化钾浸提液为参比溶液，在紫外分光光度计上逐个测定硝态氮标准系列溶液的消光度，计算出校正消光度。校正消光度按式(20-1)计算：

$$A = A_{220} - 2.23 \times A_{275} \tag{20-1}$$

式中 $A$——校正消光度；

$A_{220}$—— 220 nm波长处的消光度；

$A_{275}$—— 275 nm波长处的消光度；

2.23—— $f$值，是对各种类型土壤进行实验室测定得到的经验性校正因数。

将校正消光度作为纵坐标，对应的硝态氮浓度为横坐标，绘制标准曲线。

(5) 样品测定：同样，用光程长10 mm石英比色皿，在220 nm和275 nm波长处，以氯化钾浸提液为参比溶液，在紫外分光光度计上测定消光度，测定顺序为空白溶液、待测样品溶液。计算出校正消光度，从标准曲线上查出土壤浸提液中的硝态氮含量。

2. 流动注射分析法

(1) 待测浸提液制备：称取新鲜土壤样品20.0 g，于250 mL具塞锥形瓶（或聚乙烯瓶）中，加入100 mL 1 mol·L$^{-1}$的氯化钾溶液，室温下振荡1h。使用中速滤纸过滤，之后采用针孔式过滤器0.45 μm水系滤膜过滤，值得待测浸提液，上机测定。

(2) 另称取一份新鲜土壤样品20.0 g，按照实验六土壤水分的测定方法测定其含水量。

(3) 空白浸提液制备：加入100 mL 1 mol·L$^{-1}$的氯化钾溶液于250 mL具塞锥形瓶（或聚乙烯瓶）中，按照与待测液提取制备相同步骤制备空白提取液。

(4) 标准曲线配置：分别量取0.00 mL、0.50 mL、2.50 mL、5.00 mL、10.00 mL、

25.00 mL 硝酸钠标准使用液于一系列 100 mL 容量瓶中,用 1 mol·L$^{-1}$ 氯化钾溶液定容,混匀,制备标准系列溶液,硝态氮浓度分别为 0.00 mg·L$^{-1}$、0.50 mg·L$^{-1}$、1.00 mg·L$^{-1}$、2.00 mg·L$^{-1}$、5.00 mg·L$^{-1}$。此标准溶液用时现配。按仪器参考条件测定,将流动注射分析仪的溶液吸管分别置于氯化铵缓冲溶液、磺胺溶液和 NED 溶液中,待基线稳定后依次进样测定各标准系列溶液的浓度,仪器自动绘制标准曲线并计算线性回归方程。

(5)进行测定前,参照仪器使用说明书,选择工作条件和指定工作参数(具体参见实验十九中的表 19-3)。

## 七、结果计算

1. 紫外分光光度法

(1)结果记录:将实验结果记录于表 20-1 中。

**表 20-1  土壤硝态氮记录与计算表(一)**

土样名称:    采集地点:    层次深度:    粒径:

| 项目 | 重复次数 | | | 空白 1 | 空白 2 |
|---|---|---|---|---|---|
| | 1 | 2 | 3 | | |
| 称样质量(g) | | | | | |
| 浸提剂用量(mL) | | | | | |
| 土壤含水量(%) | | | | | |
| 测试样硝态氮含量(mg·L$^{-1}$) | | | | | |
| 土壤硝态氮含量(mg·kg$^{-1}$) | | | | | |
| 平均值(mg·kg$^{-1}$) | | | | | |

测定日期:    测定人:

(2)计算公式:土壤中硝态氮含量以质量分数 $\omega_N$ 计,数值以 mg·kg$^{-1}$ 表示,计算公式如下。

$$\omega_N = (\rho_N - \rho_0) \times R \tag{20-2}$$

式中  $\rho_N$——从校准曲线上查得土壤样品待测液的硝态氮浓度(mg·L$^{-1}$);

$\rho_0$——从校准曲线上查得空白溶液的硝态氮浓度(mg·L$^{-1}$);

$R$——试样体积(包括浸提液体积与土壤中水分的体积)与烘干土的比例系数,单位为 mL·g$^{-1}$;按照式(20-3)~式(20-5)进行计算。

$$R = R_1 + R_2 \tag{20-3}$$

$$R_1 = \frac{V}{m} \times \left(1 + \frac{\omega_W}{100}\right) \tag{20-4}$$

$$R_2 = \frac{\omega_W}{d_W \times 100} \tag{20-5}$$

式中  $R_1$——浸提液体积与烘干土的比例系数(mL·g$^{-1}$);

$R_2$——土壤水分体积与烘干土的比例系数(mL·g$^{-1}$);

$V$——浸提液体积(mL);

$m$——新鲜土壤样品质量(g);

$\omega_W$——以烘干土计的土壤水分的质量分数(%);

$d_{H_2O}$——水的密度($1.0\ g\cdot mL^{-1}$)。

2. 流动注射分析法

(1)结果记录:将实验结果记录于表20-2中

**表20-2 土壤硝态氮记录与计算表(二)**

土样名称:　　　　采集地点:　　　　层次深度:　　　　粒径:

| 项 目 | 重复次数 | | | 空白1 | 空白2 |
|---|---|---|---|---|---|
| | 1 | 2 | 3 | | |
| 称样质量(g) | | | | | |
| 浸提剂用量(mL) | | | | | |
| 测试吸取量(mL) | | | | | |
| 测样硝态氮含量($mg\cdot L^{-1}$) | | | | | |
| 土壤硝态氮含量($mg\cdot kg^{-1}$) | | | | | |
| 平均值($mg\cdot kg^{-1}$) | | | | | |

测定日期:　　　　　　　　　　　　　　测定人:

(2)计算公式:采用流动注射分析法,土壤样品中硝态氮含量按式(20-6)和式(20-7)进行计算。

$$V = V_1 + \frac{m \times K}{d_{H_2O}} \tag{20-6}$$

式中 $V$——浸提液的体积与土壤水分的体积之和(mL);

$V_1$——浸提液的体积(mL);

$m$——新鲜土壤样品的质量(g);

$K$——新鲜土壤样品含水量(%);

$d_{H_2O}$——水的密度($1.0\ g\cdot mL^{-1}$)。

$$W_N = \frac{(c - c_0) \times V}{m \times (1 - K)} \times n \tag{20-7}$$

式中 $W_N$——土壤样品中硝态氮含量($mg\cdot kg^{-1}$);

$c$——测试土壤样品中硝态氮含量($mg\cdot L^{-1}$);

$c_0$——测试空白样品中硝态氮含量($mg\cdot L^{-1}$);

$n$——稀释倍数,浸提总体积/吸取体积;

$V$、$m$、$K$ 符号同式(20-6)。

## 八、注意事项

1. 采用紫外分光光度法

测定硝态氮含量的过程中,有以下几点需要注意:

(1) 有机物和颜色的消除：当土壤样品试液与空白溶液相比有明显色差时（试液多呈现黄色），说明土壤浸出液中有机物含量较高，应再次称取该土壤样品约 40 g（精确至 0.01 g）于 500 mL 聚乙烯瓶中，依次加入活性炭（分析纯，CAS 号：7440-44-0）2.00 g 和氯化钾浸提液 200 mL，按照分析步骤重新制备试液。

(2) 亚硝酸根离子的消除：当试液中的亚硝态氮浓度高于 $0.1\ mg \cdot L^{-1}$ 时，向 50 mL 试液中加入 1 mL 氨基磺酸溶液 $[\rho(H_3NO_3S) = 2\%]$，摇匀后静置 2 min，以消除试液中亚硝酸根离子。经过此步骤后，应该在使用式 (20-3) 计算 $R$ 值时将加入的氨基磺酸溶液体积按比例折算计入氯化钾浸提液体积中。

(3) 氢氧根、碳酸根和重碳酸根离子的消除：当土壤样品采自盐碱化地区，土壤 pH 高于 7.5 时，应向 50 mL 试液中加入 1 mL 盐酸溶液 $[c(HCl) = 1\ mol \cdot L^{-1}]$，摇动 5 min 后静置 2 h 再测定。经过此步骤后，应该在使用式 (20-3) 计算 $R$ 值时将加入的氨基磺酸溶液体积按比例折算计入氯化钾浸提液体积中。

2. 采用流动注射分析法

在测定硝态氮含量的过程中，注意事项与该方法测定铵态氮的相同，见实验十九。

## 九、思考题

(1) 紫外分光光度法测定土壤硝态氮应注意什么问题？
(2) 流动注射分析法测定土壤硝态氮的基本原理是什么？

# 实验二十一　土壤全磷的测定

## 一、目的意义

土壤全磷量是指土壤中各种形态磷素的总和。土壤中磷可以分为两大类，即无机磷和有机磷。矿质土壤以无机磷为主，有机磷约占全磷的20%~50%。

土壤中无机磷以吸附态和钙、铁、铝等的磷酸盐为主，且无机磷存在的形态受pH的影响很大。石灰性土壤中以磷酸钙盐为主，酸性土壤中则以磷酸铝和磷酸铁占优势。中性土壤中磷酸钙、磷酸铝和磷酸铁的比例大致为1:1:1。土壤有机磷是一个很复杂的问题，许多组成和结构还不清楚，大部分有机磷，以高分子形态存在，有效性不高。

磷是植物所必需的大量营养元素之一，测定土壤中的全磷，可以了解土壤中能够逐渐被植物利用及易为植物吸收的磷贮备量，为指导合理施肥提供参考数据，对土壤磷素的管理具有重要的意义。

## 二、方法选择

土壤全磷量测定中土样前处理有 $Na_2CO_3$ 熔融法、$HClO_4$-$H_2SO_4$ 消煮法、HF-$HClO_4$ 消煮法、NaOH 碱熔钼锑抗比色法等。其中，NaOH 碱熔钼锑抗比色法已列为我国国家标准法。土壤样品在银或镍坩埚中用 NaOH 熔融是分解土壤全磷比较完全和简便的方法。$Na_2CO_3$ 熔融法虽然操作手续较烦琐，但样品分解完全，仍是全磷测定分解的标准方法。但由于 $HClO_4$-$H_2SO_4$ 消煮法，操作方便，且不需要铂金坩埚，应用最普遍，虽然 $HClO_4$-$H_2SO_4$ 消煮法不及 $Na_2CO_3$ 熔融法样品分解完全，但其分解率已达到全磷分析的要求，因此成为目前应用最普遍的方法。此法所得的消煮液可同时用于测定全氮、全磷，故本实验采用 $HClO_4$-$H_2SO_4$ 消煮法测定土壤中的全磷。

## 三、方法原理

土壤全磷测定要求把无机磷全部溶解，同时把有机磷氧化成无机磷，因此全磷测定的，第一步是样品的分解，第二步是溶液中磷的测定。

利用高氯酸的强酸性、强氧化性与络合能力，氧化有机质，分解矿物质，并与 $Fe^{3+}$ 络合，抑制硅和铁的干扰。借助硫酸提高消化液的温度，同时防止消化过程中溶液蒸干，以利消化作用的顺利进行。本法用于一般土壤样品分解率达97%~98%，但对红壤性土壤样品分解率只有95%左右。

溶液中磷的测定采用钼锑抗比色法。加钼酸铵于含磷的溶液中，在一定酸度条件下，溶液中的磷酸与钼酸络合形成磷钼杂多酸。

$$H_3PO_4 + 12H_2MoO_4 = H_3[PMo_{12}O_{40}] + 12H_2O$$

钼酸铵同土壤中的磷作用生成磷钼酸铵,遇还原剂时,则生成复杂的蓝色"磷钼蓝",这是钼蓝比色法的基础。其呈现颜色的深浅,在一定条件下与磷的含量成比例关系,故可采用吸光度法对土壤中的磷进行测定。

## 四、实验器具

分析天平(精确至 0.000 1 g)、小漏斗、电炉、三角瓶、移液管、比色杯、容量瓶、分光光度计。

## 五、试剂配制

(1) 浓硫酸($H_2SO_4$,$\rho \approx 1.84$ g·$cm^{-3}$,分析纯)。

(2) 70%~72%高氯酸($HClO_4$,$\rho \approx 1.60$ g·$cm^{-3}$,分析纯)。

(3) 2,6-二硝基酚或 2,4-二硝基酚指示剂溶液:称取二硝基酚(化学纯)0.25 g 溶解于 100 mL 水中。此指示剂的变色点约为 pH 3,酸性时无色,碱性时呈黄色。

(4) 4 mol·$L^{-1}$氢氧化钠溶液:称取 NaOH(化学纯)16 g 溶解于 100 mL 水中。

(5) 2 mol·$L^{-1}$(1/2$H_2SO_4$)溶液:吸取 6 mL 浓硫酸,缓缓加入 80 mL 水中,边加边搅动,冷却后加水至 100 mL。

(6) 钼锑抗试剂:A. 5 g·$L^{-1}$酒石酸氧锑钾溶液:称取酒石酸氧锑钾[$K(SbO)C_4H_4O_6$] 0.5 g,溶解于 100 mL 水中。B. 钼酸铵-硫酸溶液:称取钼酸铵[$(NH_4)_6Mo_7O_{24} \cdot 4H_2O$] 10 g,溶于 450 mL 水中,缓慢地加入 153 mL 浓 $H_2SO_4$,边加边搅拌。再将上述 A 溶液加入到 B 溶液中,最后加水至 1L。充分摇匀,贮于棕色瓶中,此为钼锑混合液。

当天使用前,称取左旋抗坏血酸($C_6H_8O_6$,化学纯)1.5 g,溶于 100 mL 钼锑混合液中,混匀,即为钼锑抗试剂。试剂有效期 24 h,如贮于冰箱中则有效期较长。此试剂中 $H_2SO_4$ 为 5.5 mol·$L^{-1}$($H^+$),钼酸铵为 10 g·$L^{-1}$,酒石酸氧锑钾为 0.5 g·$L^{-1}$,抗坏血酸为 15 g·$L^{-1}$。

(7) 磷标准溶液:准确称取在 105℃烘箱中烘干的磷酸二氢钾($KH_2PO_4$,分析纯) 0.439 0 g,溶解在 400 mL 水中,加 5 mL 浓 $H_2SO_4$(加 $H_2SO_4$ 防长霉菌,可使溶液长期保存),转入 1 L 容量瓶中,定容至刻度。此溶液为 100 μg·$mL^{-1}$磷标准溶液。吸取上述磷标准溶液 5 mL,稀释至 100 mL,即为 5 μg·$mL^{-1}$磷标准溶液(此溶液不宜久存)。

(8) 无磷定性滤纸:将定性滤纸浸于 0.2 mol·$L^{-1}$盐酸中 4~5 h 取出后在水中清洗去酸性,最后用蒸馏水淋洗至无酸性,取出在阳光下或 60 ℃烘箱中干燥(应注意不要烤脆)。

## 六、操作步骤

### 1. 待测液的制备

准确称取通过 0.25 mm 筛孔的风干土样 0.5~1.0 g(精确至 0.000 1 g),置于 50 mL 开氏瓶(或 100 mL 消化管)中,以少量水湿润后,加 8 mL 浓 $H_2SO_4$,摇匀后,再加 70%~72% $HClO_4$ 10 滴,摇匀,瓶口上加一个小漏斗,置于电炉上加热消煮,至溶液开始转白后继续消煮 20 min。全部消煮时间约 40~60 min。在样品分解的同时做一个空白试验,所用试剂同上,但不加土样,同样消煮得空白消煮液。

将冷却后的消煮液全部无损转移至 100 mL 容量瓶中(容量瓶中事先盛水 30~40 mL),用水冲洗开氏瓶(用水应根据少量多次的原则),轻轻摇动容量瓶,待完全冷却后,加水定容。静置过夜,次日小心地吸取上清液进行磷的测定;或者用干的定量滤纸过滤,将滤液接收在100 mL 干燥的三角瓶中待测。

2. 测定

吸取 5 mL 上清液或滤液(对含磷在 0.56 g·kg$^{-1}$以下的样品可吸取 10 mL,以含磷在 20~30 μg 为最好)注入 50 mL 容量瓶中,用水冲稀至 30 mL,加二硝基酚指示剂 2 滴,滴加 4 mol·L$^{-1}$ NaOH 直至溶液变为黄色,再加 2 mol·L$^{-1}$(1/2 H$_2$SO$_4$)1 滴,使溶液的黄色刚刚褪去(这里不用 NH$_3$·H$_2$O 调节酸度,因消煮液酸浓度较大,需要较多碱去中和,而 NH$_4$·H$_2$O 浓度如超过 10 g·L$^{-1}$就会使钼蓝色迅速消退)。然后加 5 mL 钼锑抗试剂,再加水定容至 50 mL,摇匀。30 min 后,用波长 880 nm 或 700 nm 进行比色,以空白液的消光度为 0,读出待测液的消光度。

3. 标准曲线

准确吸取 5 mg·L$^{-1}$磷标准溶液 0 mL、1 mL、2 mL、4 mL、6 mL、8 mL、10 mL,分别注入 50 mL 容量瓶中,加水至约 30 mL,再加空白试验定容后的消煮液 5 mL,调节溶液 pH 至 3,然后加 5 mL 钼锑抗试剂,用水定容至 50 mL。30 min 后进行比色。各瓶比色液磷的浓度分别为 0 mg·L$^{-1}$、0.1 mg·L$^{-1}$、0.2 mg·L$^{-1}$、0.4 mg·L$^{-1}$、0.6 mg·L$^{-1}$、0.8 mg·L$^{-1}$、1.0 mg·L$^{-1}$。通过比色测定每一个标准磷浓度就对应一个消光值 $A$,以 $X$ 轴为磷的浓度,$Y$ 轴为消光值 $A$,标准磷浓度与消光值 $A$ 对应形成 1 个点,将所有点用平滑曲线连接,则做成一条标准曲线。

## 七、结果记录与计算

1. 结果记录

将实验结果记录于表 21-1 中。

**表 21-1  土壤全磷测定结果记录表**

土样名称:　　　　　采集地点:　　　　　层次深度:　　　　　粒径:

| 项目 | 重复次数 | | | 空白 |
|---|---|---|---|---|
| | 1 | 2 | 3 | |
| 称样质量(g) | | | | |
| 浸提剂用量(mL) | | | | |
| 显色吸取量(mL) | | | | |
| 显色体积(mL) | | | | |
| 消光值 $A$ | | | | |
| 查得浓度(mg·kg$^{-1}$) | | | | |
| 全磷含量(mg·kg$^{-1}$) | | | | |
| P 平均值(mg·kg$^{-1}$) | | | | |

| 标准曲线测定 | P(mg·kg$^{-1}$) | 0 | 0.1 | 0.2 | 0.4 | 0.6 | 0.8 |
|---|---|---|---|---|---|---|---|
| | 消光值 $A$ | | | | | | |

测定日期:　　　　　　　　　　　　　　　测定人:

## 2. 计算公式

从标准曲线上查得待测液的磷含量后，可按下式进行计算：

$$全磷(TP)(g \cdot kg^{-1}) = \rho \times \frac{V}{m \times K} \times \frac{V_2}{V_1} \times 10^{-3}$$

式中 $\rho$——待测液中磷的质量浓度($mg \cdot kg^{-1}$)；
$V$——样品制备溶液体积(mL)；
$m$——烘干土质量(g)；
$K$——吸湿水系数，即将风干土转换为烘干土系数；
$V_1$——吸取滤液体积(mL)；
$V_2$——显色的溶液体积(mL)；
$10^{-3}$——将 mg 数换算成 $g \cdot kg^{-1}$ 乘数。

根据全国第二次土壤普查养分分级标准，土壤全磷含量与土壤养分的关系见表21-2。

表21-2 土壤全磷含量与土壤肥力的关系表

| 土壤全磷含量($g \cdot kg^{-1}$) | >1 | 0.8~1 | 0.6~0.8 | 0.4~0.6 | 0.2~0.4 | <0.2 |
|---|---|---|---|---|---|---|
| 土壤养分级别 | 很高(一级) | 高(二级) | 中上(三级) | 中下(四级) | 低(五级) | 很低(六级) |

## 八、注意事项

（1）消化时，开始温度不可太高，一般以电热丝呈暗红色即可。当消化到过氯酸呈雾状的烟时，提高温度，至硫酸发烟回流为止。温度过高，溶液易溅出造成损失。

（2）最后显色溶液中含磷量在 20~30 μg 为最好。控制磷的浓度主要通过称样量或最后显色时吸取待测液体积。

（3）本法钼蓝显色液比色时用波长 880 nm 比波长 700 nm 更灵敏，一般 721 型分光光度计只能选波长 700 nm。

## 九、思考题

（1）土壤中磷素的分布特征是什么？
（2）南北方土壤中磷的固定因子有何不同？

# 实验二十二　土壤有效磷的测定

## 一、目的意义

土壤中有效磷的含量，随土壤类型、气候、施肥水平、灌溉、耕作栽培措施等条件的不同而异。大量资料的统计结果表明，我国不同地带气候区的土壤其有效磷含量与全磷含量呈正相关的趋势。因此，从作物营养和施肥的角度来看，除全磷分析外，特别要测定土壤中有效磷含量，这样才能比较全面地说明土壤磷素肥力的供应状况，为合理施用磷肥及提高磷肥利用率提供依据。

## 二、方法选择

土壤有效磷测定实验中，浸提剂的选择是关键，主要是根据土壤的类型和性质确定。我国目前使用最广泛的浸提剂为 $0.5\ mol \cdot L^{-1}\ NaHCO_3$ 溶液，它适用于石灰性土壤、中性土壤及酸性水稻土；另外，也有使用盐酸-氟化铵溶液（Bray I 法）为浸提剂，适用于酸性土壤和中性土壤。

同一土壤用不同的方法测得的有效磷含量会有很大差异，即使用同一浸提剂，而浸提时的土液比、温度、时间、振荡方式和强度等条件不同，也会对测定结果产生很大的影响。所以，有效磷含量只是一个相对的指标，只有采用同一方法，在严格控制的相同条件下，测得的结果才有比较的意义。在报告有效磷测定的结果时，必须同时说明所使用的测定方法。

根据南方土壤条件，本书主要介绍酸性土壤中速效磷的测定方法，即盐酸-氟化铵法测定酸性土壤中的有效磷。

## 三、实验原理

酸性土壤中的速效磷，多以磷酸铁和磷酸铝的形态存在，可用酸性氟化铵提取，形成氟铝化铵和氟铁化铵络合物，少量的钙则生成氟化钙沉淀，磷酸根则被浸提到溶液中：

$$3NH_4F + 3HF + AlPO_4 = H_3PO_4 + (NH_4)_3AlF_6$$
$$3NH_4F + 3HF + FePO_4 = H_3PO_4 + (NH_4)_3FeF_6$$

在一定酸度下，钼酸铵与磷络合成黄色的磷钼杂多酸络合物，用 $SnCl_2$ 还原可生成蓝色的磷钼蓝 $[(MoO_2 \cdot 4MoO_3)2H_3PO_4 \cdot 4H_2O]$，磷的含量与蓝色的深浅呈正比，故可采用比色法对溶液中的磷进行测定。

## 四、实验器具

分析天平（精确至 0.01 g）、往复振荡机、漏斗、三角烧瓶、移液管、比色杯、容量瓶、分光光度计。

## 五、试剂配制

(1) 0.5 mol·L$^{-1}$ 盐酸溶液：吸取 20.2 mL 浓盐酸（HCl，分析纯）用蒸馏水稀释至 500 mL。

(2) 1 mol·L$^{-1}$ 氟化铵溶液：溶解氟化铵（$NH_4F$，化学纯）37 g 于水中，稀释至 1 L，贮于塑料瓶。

(3) 浸提液：分别吸取 1.0 mol·L$^{-1}$ $NH_4F$ 溶液 15 mL 和 0.5 mol·L$^{-1}$ 盐酸溶液 25 mL，加入 460 mL 蒸馏水中，此即 0.03 mol·L$^{-1}$ $NH_4F$ - 0.025 mol·L$^{-1}$ HCl 溶液，贮于塑料瓶中备用。

(4) 1.5% 钼酸铵-盐酸溶液：准确称取钼酸铵 [$(NH_4)_6Mo_7O_{24}·4H_2O$，化学纯] 15.0 g 溶于 300 mL 水中，加热至 60℃ 左右，如有沉淀，将溶液过滤，冷却后，慢慢加入 350 mL 10 mol·L$^{-1}$ HCl，并迅速搅拌，冷却后，定容至 1 000 mL，贮于棕色瓶中备用（保存期 2 个月）。

(5) 2,6-二硝基酚指示剂：称取 2,6-二硝基酚（化学纯）0.2 g 溶于 100 mL 水中即可。

(6) 2.5% $SnCl_2$ 溶液：称取 $SnCl_2·2H_2O$（化学纯）2.5 g 溶于 10 mL 浓 HCl 中，待溶解后加入 90 mL 蒸馏水，混合均匀后贮于棕色瓶中（应现配现用，否则需加一层液状石蜡油以防氧化）。

(7) 磷标准工作液（$c_P$ = 5 mg·L$^{-1}$）：称取 105 ℃ 烘干 2 h 的磷酸二氢钾（$KH_2PO_4$，分析纯）0.439 4 g 溶于 200 mL 水中，加入 5 mL 浓 $H_2SO_4$（分析纯）转入 1 000 mL 容量瓶中，用水定容（$c_P$ = 100 mg·L$^{-1}$），该贮备液可长期保存。将上述磷标准贮备液（$c_P$ = 100 mg·L$^{-1}$）准确稀释 20 倍（$c_P$ = 5 mg·L$^{-1}$），该标准液不宜久存。

(8) 无磷滤纸：将定性滤纸浸于 0.2 mol·L$^{-1}$ 盐酸中 4~5 h 取出后在清水中洗去酸性，最后用蒸馏水淋洗至无酸性，取出在阳光下或 60 ℃ 烘箱中干燥（应注意不要烤脆）。

## 六、操作步骤

(1) 称取过 1 mm 筛孔的风干土样 5.00 g（精确至 0.01 g），放入 250 mL 三角瓶中，加入 0.03 mol·L$^{-1}$ $NH_4F$ - 0.025 mol·L$^{-1}$ HCl 浸提剂 50 mL，加塞后，振荡 30 min，振荡频率（180 r·min$^{-1}$ ± 20 r·min$^{-1}$）。

(2) 用无磷干滤纸过滤，滤液承接于盛有 0.1 g 硼酸的三角瓶中（防止氟离子对显色的干扰和腐蚀玻璃器皿），摇匀使其溶解。

(3) 吸取 5 mL（视含磷量而定）滤液于 25 mL 容量瓶中，加少量蒸馏水，再加 2,6-二硝基酚指示剂一滴，用 4 mol·L$^{-1}$ 的氨水和 4 mol·L$^{-1}$ 的盐酸调至微黄色，准确加入 5 mL 1.5% 钼酸铵-盐酸试剂，加蒸馏水至刻度。

(4) 加入 2.5% $SnCl_2$ 2 滴，充分摇匀，5~15 min（20 ℃ 以下室温 15 min，20~30 ℃ 7 min，30 ℃ 以上 5 min）后在分光光度计上比色。在波长 880 nm 或 700 nm 处进行比色，以空白液的消光值为 0，读出测定液的消光值。从读得的消光值对照标准曲线查出磷的含量。

（5）标准曲线的绘制：分别吸取 5 mg·L$^{-1}$磷标准溶液 0 mL、0.5 mL、1.0 mL、1.5 mL、2 mL、2.5 mL 于 25 mL 容量瓶中即为 0 mg·L$^{-1}$、0.1 mg·L$^{-1}$、0.2 mg·L$^{-1}$、0.3 mg·L$^{-1}$、0.4 mg·L$^{-1}$、0.5 mg·L$^{-1}$的磷，加入 5 mL 浸提液(0.03 mol·L$^{-1}$NH$_4$F – 0.025 mol·L$^{-1}$HCl)，使其组成与土壤浸出液相同，再加入 0.1 g 硼酸，加 2,6-二硝基酸指示剂一滴，然后同待测液一样调节 pH 值，加 5 mL 1.5% 钼酸铵-盐酸试剂，定容。加 2.5% SnCl$_2$ 2 滴，显色、比色。（标准曲线绘制同全磷）

## 七、结果记录与计算

### 1. 结果记录

将实验结果记录在表 22-1 中，并根据表 22-2 诊断出土样的有效磷级别。

**表 22-1 土壤有效磷测定结果记录表**

土样名称： 采集地点： 层次深度： 粒径：

| 项目 | | 重复次数 | | | 空白 |
|---|---|---|---|---|---|
| | | 1 | 2 | 3 | |
| 称样质量(g) | | | | | |
| 浸提剂用量(mL) | | | | | |
| 显色吸取量(mL) | | | | | |
| 显色体积(mL) | | | | | |
| 消光值 A | | | | | |
| 查得浓度(mg·kg$^{-1}$) | | | | | |
| 有效磷含量(mg·kg$^{-1}$) | | | | | |
| 平均值(P mg·kg$^{-1}$) | | | | | |
| 标准曲线测定 | P mg·kg$^{-1}$ | 0 | 0.1 | 0.2 | 0.3 | 0.4 | 0.5 |
| | 消光值 A | | | | | | |

测定日期： 测定人：

**表 22-2 土壤有效磷诊断指标**

| 土壤有效磷(P mg·kg$^{-1}$) | <3 | 3~7 | 7~20 | >20 |
|---|---|---|---|---|
| 级别 | 很低 | 低 | 中等 | 高 |

### 2. 计算公式

$$\text{土壤有效磷(P)}(mg \cdot kg^{-1}) = \frac{\rho \times V \times n}{m \times 10^3 \times K} \times 1\,000$$

式中 $\rho$——从标准曲线上查得磷的质量浓度(mg·kg$^{-1}$)；

$V$——显色时定容体积(mL)；

$n$——分取倍数，即所加浸提剂的体积(mL)和吸取滤液的体积(mL)之比；

$m$——风干土样质量(g)；

$K$——吸湿水系数,将风干土换算成烘干土的系数;

$10^3$——将 μg 换算成 mg;

1 000——换算成每千克含磷量。

## 八、注意事项

(1)对磷量高的样品称样可适当减少,如提取过程中产生磷的再固定,可适当增大水土比例。

(2)振荡时间:磷的溶液与交换都与作用时间有关,对于难提取的磷可适当增加作用时间。

(3)提取和显色过程受温度的影响很大,一般应控制在室温 20~25℃下进行。

(4)此法要求一定的酸度。钼酸铵-盐酸试剂的多少,容易改变溶液的酸度,从而影响比色,因此,加入钼酸铵-盐酸试剂时的量要准确。

(5)应在显色后的规定时间进行比色。做还原剂的钼蓝法,颜色在 5~15 min 内最为稳定。

(6)比色时如颜色太深,仪器不能读出,则应增加分取倍数,即减少吸取滤液体积。

## 九、思考题

(1)土壤有效磷的测定中,浸提剂的选择主要根据是什么?

(2)测定土壤有效磷时,哪些因素影响分析结果?

# 实验二十三  土壤全钾的测定

## 一、目的意义

钾素是植物生长所必需的营养元素之一，土壤的供钾水平直接影响植物对钾素的吸收。一般，土壤供钾能力主要取决于速效钾和缓效钾，土壤全钾的分析在肥力上意义并不大，但通常情况下，全钾含量较高的土壤，其缓效钾和速效钾的含量也相对较高。因此，测定土壤全钾含量可以了解土壤钾素的潜在供应能力，还可作为确定钾肥施用量的参考。

我国土壤中全钾（K）的含量一般在 16.6 g·kg$^{-1}$左右，高的可达 24.9~33.2 g·kg$^{-1}$，低的可至 0.83~3.3 g·kg$^{-1}$。西南地区土壤因其成土母质不均一、气候多雨等特点，全钾含量相差较大。

## 二、方法选择

土壤全钾的测定主要分为两步：一是样品的分解，二是溶液中钾的测定。土壤全钾样品的分解，大体可分为碱熔和酸溶两大类。碱熔法包括碳酸钠熔融法和氢氧化钠熔融法。碱熔法制备的待测液可同时用于全磷和全钾的测定。其中，碳酸钠碱熔法，在国际上比较通用，但测定中要使用铂金坩埚，故一般实验室难以开展；氢氧化钠熔融法，可用银坩埚（或镍坩埚）代替铂金坩埚，适于一般实验室采用。酸溶解法主要采用氢氟酸–高氯酸法，此法需用聚四氟乙烯坩埚进行消解，同时要求具有良好的通风设备，其所得待测液可同时测定全钾、全钠等多种元素，但结果与碱熔法相比偏低，同时对坩埚的腐蚀性大。溶液中钾的测定，有质量法、容量法、比色法、比浊法、火焰光度计法、原子吸收法等，现在一般多采用火焰光度计法或原子吸收法。本实验着重介绍氢氧化钠碱熔-火焰光度计测定法。

## 三、实验原理

土壤经 NaOH 高温熔融后，难溶性硅酸盐分解成可溶性化合物，土壤矿物晶格中的钾转变成可溶性钾形态，同时土壤中不溶性磷酸盐转变成可溶性磷酸盐，之后以稀酸溶解熔融物，即可获得能同时测定全磷和全钾的待测液。

待测液在火焰高温激发下，辐射出钾元素的特征光谱，通过滤光片，经光电池或光电倍增管，把光能转换为电能，放大后由检流计指示其强度。通过钾标准溶液浓度和检流计读数所做的标准曲线，即可得出待测液中钾的浓度。

## 四、实验器具

火焰光度计、镍坩埚（30 mL）、高温电炉（马福炉）、容量瓶等。

## 五、试剂配制

（1）固体氢氧化钠（NaOH，分析纯）。

(2)无水乙醇($C_2H_5OH$,分析纯)。

(3)4.5 mol·$L^{-1}$硫酸溶液:用量筒取250 mL浓硫酸缓缓地加入700 mL蒸馏水中,不断搅拌,冷却后稀释定容至1 000 mL。

(4)1∶1盐酸:将等体积的浓盐酸与等体积的蒸馏水混合所得。

(5)100 mg·$L^{-1}$钾标准液:准确称取经110℃烘干2 h的氯化钾(分析纯或优级纯)0.190 7 g溶于蒸馏水中,定容至1 000 mL,贮于塑料瓶中。

## 六、操作步骤

(1)待测液制备:称取过0.25mm筛孔的风干土样0.25 g(精确至0.000 1 g)于镍坩埚底部(切勿沾在壁上),加5滴无水乙醇稍湿润样品后,将2.00g固体氢氧化钠平铺于坩埚的土壤面上(在处理大批样品时,应将其暂时放于干燥器中,以防止吸水潮解)。同时做空白试验。

(2)将坩埚加盖留一缝隙,放在高温电炉内,由低温升至400℃后关闭电源,15 min后继续升温至720℃并保持15 min,取出冷却(冷却后,若熔块呈淡蓝色或蓝绿色,表明熔融较好;若熔块呈棕黑色,表明还没有熔好,必须再加NaOH熔融一次)。

(3)向冷却的坩埚中加10 mL左右蒸馏水,在电炉上加热至80℃左右,熔块熔解后,再煮沸5 min,然后将坩埚内的溶液用漏斗转入50 mL容量瓶中,再用5 mL左右蒸馏水,2 mL硫酸溶液(试剂3)和少量蒸馏水依次洗涤坩埚并倒入容量瓶中。最后向容量瓶中加5滴1∶1盐酸溶液和5 mL硫酸溶液(试剂3),混匀并冷却至室温后,加水稀释至刻度,摇匀后静置澄清,或用干滤纸过滤于干的容器中备用。

(4)待测液的测定:吸取5 mL待测液或滤液于25 mL容量瓶中,定容后在火焰光度计上测定,然后利用标准曲线查出相应的浓度。

(5)标准曲线的测定:吸取100 mg·$L^{-1}$钾标准液2 mL、5 mL、10 mL、20 mL、40 mL、60 mL,分别放入100 mL容量瓶中,加入与待测液等体积的空白溶液(或加入0.4 g NaOH和试剂3的硫酸溶液1 mL),最后用水定容至100 mL。此为含钾(K)分别为2 mg·$L^{-1}$、5 mg·$L^{-1}$、10 mg·$L^{-1}$、20 mg·$L^{-1}$、40 mg·$L^{-1}$、60 mg·$L^{-1}$的系列标准溶液,在火焰光度计上进行测定后,以K浓度为横坐标,检流计读数为纵坐标,绘制成标准曲线。

## 七、结果记录与计算

1. 结果记录

将实验结果记录在表23-1中,并根据表23-2的指标作出判断。

2. 计算公式

$$\text{土壤全钾含量}(g \cdot kg^{-1}) = \frac{\rho \times \text{测定液的定容体积} \times n}{m \times K \times 10^6} \times 1\,000$$

式中 $\rho$——从标准曲线上查得测定液中钾的浓度(mg·$L^{-1}$);

$n$——分取倍数,即待测液定容体积和吸取的待测液体积之比,若以原液直接测定则此值为1;

表 23-1　土壤全钾测定结果记录表

| 土样名称： | | 采集地点： | | | 层次深度： | | 粒径： |
|---|---|---|---|---|---|---|---|

| 项　目 | | 重复次数 | | | 空白 1 | 空白 2 |
|---|---|---|---|---|---|---|
| | | 1 | 2 | 3 | | |
| 称样质量(g) | | | | | | |
| 待测液定容体积(mL) | | | | | | |
| 待测液吸取量(mL) | | | | | | |
| 测定液定容体积(mL) | | | | | | |
| 检流计读数 | | | | | | |
| 查得钾浓度($\mu g \cdot mL^{-1}$) | | | | | | |
| 全钾含量($g \cdot kg^{-1}$) | | | | | | |
| K 平均值($g \cdot kg^{-1}$) | | | | | | |
| 标准曲线测定 | K($\mu g \cdot mL^{-1}$) | 2 | 5 | 10 | 20 | 40 | 60 |
| | 检流计读数 | | | | | | |

测定日期：　　　　　　　　　　　　　　测定人：

表 23-2　土壤全钾诊断指标

| 土壤全钾含量($g \cdot kg^{-1}$) | < 5 | 5～10 | 10～15 | 15～20 | 20～30 | >30 |
|---|---|---|---|---|---|---|
| 级别 | 极缺 | 缺 | 较缺 | 中等 | 较丰富 | 丰富 |

注：此表参考《中国土壤普查技术》。

$m$——风干土样质量(g)；

$K$——将风干土换算成烘干土的系数；

$10^6$——将 $\mu g$ 换算成 g；

1 000——将 g 换算成 kg。

## 八、注意事项

(1)土壤和 NaOH 的比例为 1∶8，当土样用量增加时，NaOH 用量也需相应增加。

(2)用氢氧化钠熔融样品时，一般要由低温开始，待逐渐脱水后才能高温加热，可避免溅跳现象。有时为了成批地连续熔样，可以先将装有样品和氢氧化钠的坩埚在电炉上低温脱水，再放入 720℃ 高温电炉中。

(3)氢氧化钠熔块不能用沸水提取，否则会造成激烈的沸腾，使溶液溅失，只有在 80℃ 左右待其溶解后再煮沸几分钟，才能提取较完全。如若在熔块还未完全冷却时加水，可不必再在电炉上加热至 80℃，放置过夜自会溶解。

(4)加入 $H_2SO_4$ 的量视 NaOH 用量多少而定，目的是中和多余的 NaOH，使溶液呈酸性(酸的浓度约 0.15 $mol \cdot L^{-1} H_2SO_4$)，从而使硅沉淀下来。

(5)精密度要求：样品含钾量为 1～10 $g \cdot kg^{-1}$ 时，平行测定结果允许的绝对偏差应小于 0.5 $g \cdot kg^{-1}$；样品含钾量为 10～50 $g \cdot kg^{-1}$ 时，允许的绝对偏差应小于 2 $g \cdot kg^{-1}$。

## 九、思考题

(1) 若土壤样品需对全磷、全钾进行同时测定时,推荐使用什么方法进行前处理?

(2) 用氢氧化钠熔融法或酸溶法分别测定土壤全钾时,其所得结果有何差异?

# 实验二十四　土壤速效钾的测定

## 一、目的意义

根据土壤中钾的存在状态和植物吸收性能，可将土壤中钾素分为速效钾、缓效钾和相对无效钾。其中速效钾是指能被当季作物吸收利用的钾，约占全钾的1%左右，主要包括土壤中的水溶性钾和交换性钾。

速效钾最能直接反映土壤供钾能力的指标，尤其对当季作物而言，速效钾和作物吸钾量之间往往有比较好的相关性。土壤全钾的含量只能说明土壤钾总贮量的丰缺，而不能说明对当季作物的供钾情况。因此，测定土壤速效性钾含量对于判断土壤中钾素供应状况具有重要的意义。

## 二、方法选择

土壤速效钾的95%左右是交换性钾，水溶性钾仅占极少部分，而土壤交换性钾的浸出量依从于浸提剂的阳离子种类，因此，用不同浸提剂测定土壤速效钾的结果也不一致。目前国内外广泛采用的浸提剂是 $1\ mol \cdot L^{-1}$ 中性乙酸铵（$NH_4OAC$）溶液，因为 $NH_4^+$ 和 $K^+$ 的半径相近，以 $NH_4^+$ 取代交换性 $K^+$ 时所得结果比较稳定，重现性好，并能将土壤表面的交换性钾和黏土矿物晶格间非交换性钾分开，且不因淋洗次数或浸提时间的增加而明显增加出钾量。另外，此法浸提所得浸出液可不用除去 $NH_4^+$ 而能直接应用于火焰光度计测定，手续简单，结果良好。

## 三、实验原理

以乙酸铵作为浸提剂，则 $NH_4^+$ 可与土壤胶体上的阳离子进行交换，而交换下来的钾和水溶性钾可一起进入到浸提液中，最后再用火焰光度计直接测得浸提液中钾含量。

$$\boxed{\text{土壤胶体}\begin{matrix}H^+\\Mg^{2+}\\Ca^{2+}\\K^+\end{matrix}} + nNH_4OAc \rightleftharpoons \boxed{\text{土壤胶体}\begin{matrix}NH_4^+\\NH_4^+\\NH_4^+\\NH_4^+\end{matrix}}\begin{matrix}NH_4^+\\NH_4^+\\NH_4^+\end{matrix} + (n-6)NH_4OAc + HOAc + KOAc + Ca(OAc)_2 + Mg(OAc)_2$$

## 四、实验器具

往复振荡机、火焰光度计等。

## 五、试剂配制

(1) $1\ mol \cdot L^{-1}$ 中性乙酸铵溶液：称取乙酸铵（化学纯）77.08 g 加水溶解，用 $NH_4OH$ 和

稀醋酸调至 pH 7.0，然后定容至 1 000 mL。具体方法：取出 1 mol·L$^{-1}$ NH$_4$OAC 溶液 50 mL，用溴百里酚蓝作指示剂，以 1∶1 NH$_4$OH 和 1∶4 醋酸调至 pH 7.0，即颜色变成绿色（也可直接用酸度计调节）。根据 50 mL 所用的 NH$_4$OH 和醋酸体积，算出所配制的溶液大概需要量，即可调至 pH 7.0。

（2）0.1% 溴百里酚蓝指示剂：称取溴百里酚蓝 0.15 g 溶于 100 mL 无水乙醇中，此时 pH 应为 6.2~7.6，颜色由黄至蓝。

（3）100 g·L$^{-1}$ 钾标准溶液：准确称取经 110℃ 烘干 2 h 的氯化钾（分析纯或优级纯）0.190 7 g 溶于蒸馏水中，在容量瓶中定容至 1 000 mL，贮于塑料瓶中。

## 六、操作步骤

（1）称取通过 1 mm 筛孔的风干土样 5.00 g（精确至 0.01 g）置于 150 mL 三角瓶中，加入 1 mol·L$^{-1}$ 的中性乙酸铵溶液 50 mL，塞紧橡皮塞，振荡 30 min，振荡频率满足 150~180 r·min$^{-1}$，最后用干的定性滤纸过滤。

（2）将清亮的滤液盛于小三角瓶中，同钾标准系列一起在火焰光度计上进行测定，记录检流计上的读数，并从标准曲线上查出相应的钾浓度。

（3）标准曲线的绘制：吸取 100 μg·mL$^{-1}$ 钾标准溶液 0 mL、2 mL、5 mL、10 mL、20 mL、40 mL 分别放入 100 mL 容量瓶中，配制成 0 mg·L$^{-1}$、2 mg·L$^{-1}$、5 mg·L$^{-1}$、10 mg·L$^{-1}$、20 mg·L$^{-1}$、40 mg·L$^{-1}$ 钾标准系列溶液，为了消除 NH$_4$OAC 的干扰，标准钾溶液需用 1 mol·L$^{-1}$ NH$_4$OAC 溶液定容，然后在火焰光度计上进行测定。测定时先以浓度最大的一个标定火焰光度计满度，然后再从低浓度到高浓度依序测定。最后以检流计读数为纵坐标，以钾标准系列浓度作横坐标，绘制标准曲线。

## 七、结果记录与计算

### 1. 结果记录

将实验结果记录于表 24-1 中。

**表 24-1 土壤速效钾测定结果记录表**

土样名称：　　　　采集地点：　　　　层次深度：　　　　粒径：

| 项目 | | 重复次数 | | | 空白 |
|---|---|---|---|---|---|
| | | 1 | 2 | 3 | |
| 称样质量(g) | | | | | |
| 浸提剂用量(mL) | | | | | |
| 检流计读数 | | | | | |
| 查得浓度 $c$(mg·L$^{-1}$) | | | | | |
| 速效 K 含量(mg·kg$^{-1}$) | | | | | |
| K 平均值(mg·kg$^{-1}$) | | | | | |
| 标准曲线测定 | K(mg·L$^{-1}$) | 0 | 2 | 5 | 10 | 20 | 40 |
| | 检流计读数 | | | | | | |

测定日期：　　　　　　　　　　　　测定人：

2. 计算公式

根据实验结果按下列公式计算土样的土壤速效钾含量,并与表 24-2 比较,作出土样诊断。

$$\text{土壤速效钾含量}(K\ mg \cdot kg^{-1}) = \frac{c \times V}{m \times K}$$

式中　$c$——从标准曲线上查得过滤液钾浓度($mg \cdot L^{-1}$);
　　　$V$——加入浸提液的体积(mL);
　　　$m$——风干土样质量(g);
　　　$K$——将风干土换算成烘干土的系数。

表 24-2　土壤速效钾的诊断指标($1\ mol \cdot L^{-1} NH_4OAc$ 浸提法)

| 土壤速效钾含量($K\ mg \cdot kg^{-1}$) | <30 | 30~60 | 60~100 | 100~160 | >160 |
|---|---|---|---|---|---|
| 供 K 水平 | 极低 | 低 | 中 | 高 | 极高 |

注:引自中国科学院南京土壤研究所的《土壤理化分析》。

## 八、注意事项

(1)加入 $NH_4OAc$ 后的样品,不宜放置过久,否则可能有一部分矿物钾转入溶液中,使测定结果偏高。

(2)用 $NH_4OAc$ 溶液配制的钾系列标准溶液,易生霉变质,尤其在夏天更易变质,影响测定结果,故不能放置过久。

(3)精度要求:样品有效钾含量为 100~50 $mg \cdot kg^{-1}$ 时,平行测定结果允许的绝对偏差应小于 8 $mg \cdot kg^{-1}$;样品有效钾含量为 300~100 $mg \cdot kg^{-1}$ 时,允许的绝对偏差应小于 15 $mg \cdot kg^{-1}$。

## 九、思考题

用火焰光度计测定溶液中的钾时为何要先调零点与满度?

# 实验二十五　有机肥料样品的采集、制备以及水分测定

## 一、目的意义

有机肥料指含有有机质，既能为农作物提供各种有机、无机养分，又能培肥土壤的一类肥料，包括粪肥、厩肥、堆肥、绿肥、商品有机肥以及其他许多杂肥，种类众多，成分复杂，这些肥料大多由动物粪尿和植物残体等积制而成，含有植物所需的各种营养元素和丰富的有机质，不但能改善土壤结构，增进土壤微生物的活动，促进作物生长，而且对减少环境污染也有不可低估的作用。因此，在大量发展无机化肥的同时，必须大力发展和使用有机肥料。要想全面了解有机肥行业，了解不同种类有机肥料的水分、有机质、全氮、全磷、全钾等含量状况十分必要。

## 二、方法选择

目前有关有机肥料测定的方法尚无国家标准，但已有相关的行业标准。在农业部有机肥行业标准（NY/T 525—2012）中，已明确列出有机肥料有机质、全氮、全磷、全钾、水分、pH 等指标的测定方法，但此行业标准主要针对以畜禽粪便、动植物残体等富含有机质的副产品资源为主要原料，经发酵腐熟后制成的有机肥料，不适用于绿肥、农家肥和其他农民自积自制的有机粪肥，且标准中提到的有机肥料采集、制备方法也主要针对商品有机肥的，有关传统农家肥的采集、制备方法并未提及。另外，标准 NY/T 525—2012 中提到的有机肥料水分测定方法不同于标准 NY/T 302—1995，前者主要利用真空烘箱进行烘干处理（调控真空度后在 50℃ 左右进行烘干），而后者主要利用恒温干燥箱在 100～105℃ 进行烘干处理。因实验室条件限制，本书仍主要对恒温烘干法进行介绍。

## 三、方法介绍

### （一）有机肥料样品的采集与制备

有机肥料种类多，成分复杂，均匀性差，给采样带来很大困难。充分认识这些复杂因素，采用正确的采样方法才能得到一个有代表性的分析样品。有机肥样品的采集，应根据肥料种类、性质、研究的要求（如各种绿肥的样品采集期和部位）的不同而采用不同的方法。

另外，有机肥料样品采集量往往较大，且随放置时间的延长其成分也会有所变化，因此，必须及时制备。一般，测定有机肥料成分含量时，除测定铵态氮或硝态氮时需用新鲜样品以外，其他测定项目均可采用风干样品。

1. 堆肥、厩肥、草塘泥、沤肥等样品的采集与制备

（1）采集：此类有机肥一般在室外呈堆积状态，因此必须多点采样，点的分布应考虑

到堆的上中下部位和堆的内外层。或者在翻堆时采样，点的多少视堆的大小而定，一般一个肥料堆可取20～30点，每个点取样0.5 kg，置于塑料布上，将大块肥料捣碎，充分混匀后，以四分法取约5 kg，装入塑料袋中并编号。

(2)制备：首先将样品送到风干室，进行风干处理，然后把长的植物纤维剪细，肥块捣碎混匀，用四分法缩分至250 g，再进一步磨细全部通过40目筛，混匀，置于广口瓶内备用。

准确称取1～2 kg，摊放在塑料布上，令其风干。风干后再称重，计算其水分含量，以作为计算肥料中养分含量的换算系数。

2. 人畜粪尿及沼气肥料的采集与制备

(1)采集：将肥料搅匀，用铁制或竹制的圆筒，分层、分点采样，混匀后送样品室处理。

(2)制备：先将样品搅匀，取一部分过3 mm筛孔，使固体和液体分离。固体部分称重后，按前述堆肥制备方法进行处理，并计算干物质的含量；液体部分根据分析目的要求进行处理。并计算固体和液体部分之间的比例，以便计算肥料的总养分含量。

3. 新鲜绿肥样品的采集与制备

(1)采集：在绿肥生长比较均匀的田块中，视田块形状大小，按"S"形随机布点，共取10个点，每点采取均匀一致的植株5～10株，送回室内处理。

(2)制备：所采新鲜植物样品应先在80～90℃电热鼓风恒温干燥箱烘15～30 min，然后降温至60～70℃，烘尽水分。烘干的样品取出后用研钵或粉碎机粉碎，并过筛、混匀，保存于广口瓶中。通常可过0.5～1 mm筛孔，称样量少于1 g的样品最好过0.25 mm筛孔。

4. 商品有机肥的采集与制备

(1)采集：根据肥料产品的总袋数确定取样袋数，一般1～10袋的需全部采样，50袋以下的取样袋数为11，然后将抽出的样品袋平放，每袋从最长对角线插入取样器到3/4处，取不少于100 g样品，每批抽取样品总量不少于2 kg。

(2)制备：将采集到的样品迅速混匀，用四分法将样品缩分到1 kg，分装于两个不同的广口瓶内，一瓶用于物理分析，一瓶用于风干。

5. 注意事项

在测定有机肥料的全氮和速效性氮时，样品采集后应尽快进行测定，否则会因水分的蒸发和微生物的活动引起养分的损失，特别是高温季节，尤为重要，一般放置时间最多不超过24 h，否则必须进行冷冻或固定的处理。有机肥料的全磷、全钾的测定，可以用风干样品。

## (二)有机肥料水分的测定(NY/T 302—1995)

有机肥料样品水分的测定，应视肥料的种类、含水量等情况选择合适的烘干方法，一般可用100～105 ℃烘干法测定水分，但只适用于不含易热解和易挥发成分的有机肥料。

1. 方法原理

试料经100～105 ℃烘干至恒重，所失质量即为水分的质量。

2. 实验器具

电热鼓风恒温干燥箱、分析天平、干燥器、铝盒。

3. 试样制备

(1)自然风干：取风干的实验室样品充分混匀后，按四分法缩减至 100 g，粉碎，全部通过 1 mm 筛孔，装入样品瓶中备用。

(2)新鲜样制备：取新鲜的实验室样品尽快称其鲜重，再将样品放入 100~105 ℃ 电热鼓风恒温箱中烘 15~30 min(致密组织烘 30 min)，然后降温至 65 ℃，保持 12~24 h，取出再称量，然后按自然风干处理制样装瓶备用。

4. 操作步骤

(1)将铝盒盒盖斜放，放入 100~105 ℃ 电热鼓风恒温箱中烘 30 min，取出盖好，移入干燥器中平衡 20 min，取出称量。再烘 30 min，同上条件称量，直至两次质量之差不超过 1 mg，即为恒重。

(2)称取制备好的肥料样品约 5 g，精确至 0.001 g，平铺于已知恒重的铝盒，盖好盖，并移至已预热至 105 ℃ 的电热鼓风恒温箱内(铝盒应接近于温度计水银球水平位置，且不要靠近箱的内壁)，将盒盖打开斜放，然后关好箱门，于 105 ℃±2 ℃ 烘干 8 h。盖上盒盖，取出移入干燥器中平衡 30 min，取出称量。

5. 结果记录与计算

(1)结果记录：将实验结果记录于表 25-1 中。

表 25-1 有机肥料含水量测定结果记录表

| 有机肥样品名称： | 采集地点： | | 层次深度： | 粒径： |
|---|---|---|---|---|
| 项目 | 重复次数 | | | |
| | 1 | 2 | 3 | |
| 铝盒编号 | | | | |
| 铝盒质量(g) | | | | |
| 铝盒+风干样质量(g) | | | | |
| 铝盒+烘干样质量(g) | | | | |
| 有机肥水分含量(%) | | | | |
| 平均值(%) | | | | |

测定日期：　　　　　　　　　　　　测定人：

(2)计算公式：水分含量以质量百分数(%)表示，按下式计算：

$$水分(风干基)(\%) = \frac{m_1 - m_2}{m_1 - m_0} \times 100 \tag{25-1}$$

式中　$m_1$——风干样及铝盒质量(g)；

　　　$m_2$——烘干样及铝盒质量(g)；

　　　$m_0$——铝盒质量(g)。

6. 注意事项

(1)平行测定绝对差值不大于 0.2%。

(2) 含有易热解成分的有机肥料样品，应用减压干燥法或真空干燥法测有机肥料水分。

## 四、思考题

(1) 不同类型有机肥在采样时应各自注意哪些方面？
(2) 有机肥的制备中，烘干处理可能会对哪些测定指标有影响？

# 实验二十六  无机肥料的定性鉴定

## 一、目的意义

为了切实做好化肥的合理贮存、保管和施用，充分发挥肥效，避免不必要的损失，防止出现事故，必须明确化肥的品种名称。一般化肥出厂时在包装上都标有肥料的名称、成分和产地，但在运输贮存过程中，常因包装不好或转换容器而混杂，因此必须进行定性鉴定加以区别，以便确保做到合理保管施用。

## 二、实验原理

各种化肥都具有一定的外表形态、物理性质和化学性质，因此可以通过外表观察、溶解于水的程度、在火上直接灼烧反应和化学分析检验等方法，鉴定出化肥的种类和名称。

## 三、实验器具

试管(12 支)、试管架、量筒(10 mL, 1 个)、镊子(1 个)、酒精灯(1 个)、白瓷板(1 块)、木式试管夹(1 支)、火柴、玻棒、木炭、炭炉、火钳、肥料样本(每种肥料配专用角匙)。

## 四、试剂配制

(1) 10% HCl；

(2) 1% $HNO_3$；

(3) 2% $AgNO_3$；

(4) 2.5% $BaCl_2$；

(5) 8% NaOH；

(6) 广泛 pH 试纸；

(7) 2% 四苯硼钠；

(8) 钼酸铵硫酸盐溶液：称取硫酸铵[$(NH_4)_2SO_4$)化学纯]100 g 加入 1 000 mL 比重 1.36~1.37 的硝酸(800 mL 比重 1.42 的浓硝酸加水至 1 000 mL)中，摇动，使硫酸铵全部溶解，同时将钼酸铵[$(NH_4)_2MoO_4$，化学纯]300 g 溶于 1 000 mL 热水中，冷却后，缓缓地加到含硫酸铵的硝酸溶液中。此混合液静置几天后(最少48 h)，以无灰细孔滤纸过滤后贮于棕色瓶中。

## 五、操作步骤

1. 外形观察

首先可将氮、磷、钾肥料大致区分，绝大部分氮肥和钾肥是结晶体，如碳酸氢铵、硝酸铵、硫酸铵、尿素、氯化铵、氯化钾、硫酸钾、钾镁肥、磷酸二氢钾等。而呈粉末状的大多数是磷肥，属于这类肥料的有过磷酸钙、磷矿粉、钙镁磷肥和石灰氮等。

2. 气味

有几种肥料有特殊气味，有氨臭的是碳酸氢铵，有电石臭的是石灰氮，有刺鼻酸味的是过磷酸钙，其他肥料一般无气味。

3. 水溶性

取肥料半小匙(约1 g)于试管中，加蒸馏水5 mL，摇动，观察固体体积的变化。

(1)易溶于水：一半以上溶解的。如硫酸铵、硝酸铵、尿素、氯化铵、硝酸钠、氯化钾、硫酸钾、硫酸铵等。

(2)微溶或难溶于水：溶解部分不到一半的，属微溶于水的，有过磷酸钙、重过磷酸钙、硝酸铵钙等，属难溶于水的有钙镁磷肥、沉淀磷酸钙、脱氟磷肥、磷矿粉和石灰氮等。

4. 与碱作用

取肥料半小匙(约1 g)于试管中，加蒸馏水5 mL，摇动，使肥料溶解，加入氢氧化钠溶液4滴，在试管口放一片已用蒸馏水湿润了的pH试纸，可见试纸变蓝色，证明有氨气放出；或可闻到氨味。

5. 火焰反应

将肥料样品放在燃烧的木炭上加热，观察其变化。

(1)在烧红木炭上，有少量熔化，有少量跳动，冒白烟，可嗅到氨味，有残烬，是硫酸铵。

(2)在烧红木炭上迅速熔化，冒大量白烟，有氨味，是尿素。

(3)在烧红木炭上不易熔化，但有较多白烟，初时嗅到氨味，以后又嗅到盐酸味，是氯化铵。

(4)在烧红木炭上边熔化、边燃烧、冒白烟、有氨味，是硝酸铵。

(5)在烧红木炭上无变化但有爆裂声，无氨味是氯化钾、硫酸钾或磷酸二氢钾。

6. 化学实验

(1)气泡反应：取固体肥料放在白瓷板孔穴中，滴入10% HCl，含 $CaCO_3$ 较多的如石灰、石灰氮、磷矿粉等便产生气泡。

(2)$Cl^-$ 的检定：取肥料少许，放于试管中，加蒸馏水2 mL 使肥料溶解，再加2滴 2% $AgNO_3$，可见大量白色的 AgCl 沉淀发生。它与稀硝酸不起作用。再加1% $HNO_3$ 1 mL，观察如无气泡产生，证明该肥料有 $Cl^-$ 存在。

(3) $SO_4^{2-}$ 的检定：取肥料少许，放于试管中，加蒸馏水 2 mL 使肥料溶解，再加 2 滴 2.5% $BaCl_2$，可见大量白色的 $BaSO_4$ 沉淀发生，证明该肥料有 $SO_4^{2-}$ 存在。

(4) $K^+$ 的检定：取试管分别加入少量待测肥料，加蒸馏水 5 mL 溶解后，再加 2% 四苯硼钠试剂 2 滴，可见白色沉淀产生，证明有 $K^+$ 存在。

(5) 磷酸根的检定：

原理：

$$磷肥+溶剂\begin{cases}水\\2\%柠檬酸\\1\%硫酸\end{cases}\xrightarrow{过滤}滤液+钼酸铵硫酸盐试剂\xrightarrow{加热}磷钼酸铵(黄色沉淀)$$

反应式：$H_3PO_4 + (NH_4)_6Mo_7O_{24} + HNO_3 \longrightarrow (NH_4)_3PO_4 \cdot 12MoO_3(黄色) + NH_4NO_3 + H_2O$

取 3 支试管，放入约 0.5 g 待测肥料，并分别在 3 试管中加入水、2% 柠檬酸、1% 硫酸，充分摇动 1~2 min 后，过滤，分别取约 2 mL 滤液于干净试管中，各加入 1 mL（即 20 滴）钼酸铵硫酸盐溶液，摇匀，在文火中缓慢加热，至微烫手（50~60℃）为止，观察各试管内溶液的变化。如有黄色沉淀产生的，说明滤液中有 $H_3PO_4$ 存在。

对同一磷肥加不同溶剂产生沉淀的多少作比较，说明 3 种磷肥中磷酸盐的溶解性，并确定其属何种溶解性磷肥。

## 六、结果记录

将实验结果记录于表 26-1 中。

**表 26-1 无机肥料定性鉴定记录表**

| 肥料编号 | 结晶状况 | 溶解度 | 吸湿性 | 气味 | 灼燃反应 | 与碱作用是否有氨味 | 与$BaCl_2$作用 | 与$AgNO_3$作用 | 与四苯硼钠作用 | 与钼酸铵硫酸盐作用 | 肥料名称 |
|---|---|---|---|---|---|---|---|---|---|---|---|
| 1 | | | | | | | | | | | |
| 2 | | | | | | | | | | | |
| 3 | | | | | | | | | | | |
| 4 | | | | | | | | | | | |
| 5 | | | | | | | | | | | |

测定日期： 测定人：

## 七、思考题

(1) 农户家购买了尿素、碳酸氢铵、氯化铵和硝酸铵 4 种无机肥料，但存放过程中因保管不力致使包装袋上字体模糊肥料无法分辨，采用什么简单方法能使农户在自己家中就可以区分出 4 种肥料？

(2) 肥料市场上有哪些肥料从外观上容易分辨出来？哪些肥料常呈现不同程度红色？

# 实验二十七　土壤全量重金属元素的测定

## 一、目的意义

土壤中的无机污染物主要有镉、铅、铜、锌、镍、铬以及汞、砷、氟等金属化合物，它们若超量存在，不仅影响作物的生长和产量，而且还会通过食物链危及人和动物的健康乃至生命安全。镉、铅是动植物非必需的有毒有害元素，能在土壤中蓄积；铜、锌虽是植物、动物和人体必需的微量元素，但当其超过最高允许浓度时，亦会危害生物安全；少量镍、铬有利于植物生长，但当其超过允许量后，亦会使植物中毒。因此，检测受污染土壤中污染物的含量及其动向至关重要。重金属污染物的分析多采用全量分析法（GB 15618—2018），有些情况下还需要测定土壤中有效态重金属元素的含量，以评价土壤污染和植物吸收情况，但目前有效态含量尚无统一评价标准。

## 二、方法选择

土壤中全量重金属元素的测定主要分为两步：一是样品的分解；二是溶液中元素的测定。样品的分解，大体可分为碱熔法和酸溶法两大类。碱熔法所用熔剂的种类很多，如碳酸钠、偏硼酸锂等，其中，碳酸钠是最常用的熔剂（HJ 974—2018）。碱熔法分解样品完全，但因添加了大量的可溶性盐，在原子吸收分光光度计的燃烧器上有时会有盐结晶生成，因存在火焰的分子吸收，可致使结果偏高，引起污染的危险性也较大。另外，镉、铅为易挥发元素，不适宜用碱熔法分解。另一类酸溶法，指氢氟酸与盐酸、硫酸、硝酸、高氯酸等酸的一种、两种或几种配合组成的消解方法。氢氟酸-盐酸-硝酸-高氯酸-原子吸收分光光度法可用于土壤镉、铅、铜、锌、镍、铬的测定（GB/T 17140—1997；GB/T 17141—1997；HJ 491—2019），但用氢氟酸消煮需要铂坩埚或聚四氟乙烯坩埚，且消解液中残留的氢氟酸可能会腐蚀 AAS 或 ICP 光谱仪。采用王水消解手续设备简单，分解试样量大，在分析无机污染元素时，可同时用于镉、铅、铜、锌、镍、铬、钴、锰、钒、砷、钼、锑 12 种金属元素的测定（NY/T 1613—2008；HJ 803—2016）。溶液中重金属元素的测定可根据其含量的高低选用火焰/石墨炉原子吸收分光光度法（AAS）、电感耦合等离子体发射光谱法（ICP - AES）以及电感耦合等离子体质谱法（ICP - MS）等。本实验着重介绍王水消解—原子吸收分光光度法测定土壤全量铜、锌、镉、铅、铬、镍的方法（NY/T 1613—2008）。

## 三、实验原理

土壤样品用盐酸/硝酸（王水）混合溶液经电热板或微波消解仪消解处理后，用火焰/石墨炉原子吸收分光光度法（AAS）测定待测液中重金属元素的含量，即在特制的镉、铅、铜、锌、镍、铬的空心阴极灯照射下，气态中的基态金属原子吸收特定波长的辐射能量而跃迁到较高能级状态，光路中基态原子的数量越多，对其特征辐射能量的吸收就越大，且与该原子的密度呈正比，因此可根据标准系列进行定量计算。土壤中铅含量在 25 mg·kg$^{-1}$ 以上，镉含量在 5 mg·kg$^{-1}$ 以上，适用于火焰原子吸收法；铅含量在 25 mg·kg$^{-1}$ 以下，镉含量在 5 mg·kg$^{-1}$ 以下，适用于石墨炉原子吸收法；有条件的可以用 ICP 同时测定溶液中镉、铅、铜、锌、镍、铬的含量。

## 四、仪器设备

电热板或微波消解仪、原子吸收分光光度计或 ICP、锥形瓶、容量瓶、表面皿或玻璃漏斗等。

## 五、试剂配制

（1）浓盐酸：$\rho(HCl) = 1.19$ g·mL$^{-1}$，优级纯。

（2）浓硝酸：$\rho(HNO_3) = 1.42$ g·mL$^{-1}$，优级纯。

（3）盐酸-硝酸溶液（王水）：3+1，取 3 份浓盐酸与 1 份浓硝酸，充分混合均匀，现用现配。

（4）硝酸溶液（1+1）：用浓硝酸和蒸馏水按体积比 1∶1 配制。

（5）硝酸溶液（体积分数为 3%）：用浓硝酸按体积百分比配制，即 30 mL 浓硝酸用水稀释定容至 1 L。

（6）硝酸溶液（体积分数为 0.2%）：用浓硝酸按体积百分比配制，即 2 mL 浓硝酸用水稀释定容至 1 L。

（7）标准贮备液：按下列方法配制，亦可购买市售有证标准物质。

①铜、锌、镉、铅、镍标准贮备液（$c = 1\ 000$ mg·L$^{-1}$）：分别称取光谱纯金属铜、锌、镉、铅、镍 1.000 g（精确至 0.000 1），于不同烧杯中，加入 20 mL 硝酸溶液（1+1）微热，待完全溶解后，冷却，转移至 1 L 容量瓶中，稀释至刻度，摇匀。铜、锌、镉、铅、镍标准贮备液浓度为 1 000 mg·L$^{-1}$。

②铬标准贮备液（$c = 1\ 000$ mg·L$^{-1}$）：准确称取基准重铬酸钾 2.829 0 g（120℃烘干至恒重），用少量水溶解后，转移至 1 L 容量瓶中，用水定容至刻度，摇匀。

（8）铜、锌、镉、铅、镍、铬单元素标准工作溶液（$c = 50$ mg·L$^{-1}$）：取 5 mL 单元素标准贮备液（$c = 1\ 000$ mg·L$^{-1}$）于 100 mL 容量瓶，用硝酸溶液（体积分数为 3%）稀释至刻度，摇匀备用。

（9）镉标准工作溶液（$c = 0.05$ mg·L$^{-1}$，石墨炉法）：先取 1 mL 镉标准工作溶液（$c = 50$ mg·L$^{-1}$）于 100 mL 容量瓶中，用硝酸溶液（体积分数为 3%）稀释至刻度，摇匀备用，此溶液镉浓度为 0.5 mg·L$^{-1}$；再吸取 10 mL 镉标准工作溶液（$c = 0.5$ mg·L$^{-1}$）于 100 mL 容量瓶中，用硝酸溶液（体积分数为 3%）稀释至刻度，摇匀备用，此溶液镉浓度为 0.05 mg·L$^{-1}$。

（10）铅标准工作溶液（$c = 0.25$ mg·L$^{-1}$，石墨炉法）：取 0.5 mL 铅标准工作溶液（$c = 50$ mg·L$^{-1}$）于 100 mL 容量瓶中，用硝酸溶液（体积分数为 3%）稀释至刻度，摇匀备用。

## 六、操作步骤

### 1. 锥形瓶的预处理

量取 15 mL 王水加入 100 mL 锥形瓶中，加 3~4 粒小玻璃珠，瓶口放上表面皿或玻璃漏斗，在电热板上加热至明显微沸，使王水蒸汽浸润整个锥形瓶内壁，约 30 min，冷却后弃去，用蒸馏水洗净锥形瓶内壁，晾干待用。

### 2. 试样消解

（1）电热板加热消解：准确称取通过 0.149 mm 孔径筛的风干土样品约 1g（精确至 0.000 1 g），置于上述已准备好的 100 mL 锥形瓶中，加少许蒸馏水润湿土样，加 3~4 粒小玻璃珠。

加入 10 mL 浓硝酸，浸润整个样品，电热板上微沸状态下加热 20 min（至硝酸与土壤中有机质反应后剩余部分约 6~7 mL，且与下一步加入的 20 mL 浓盐酸仍大约保持王水比例）。

加入 20 mL 浓盐酸，盖上表面皿或玻璃漏斗，放在电热板上加热 2 h，保持王水处于明显的微沸状态（可见到王水蒸气在瓶壁和玻璃漏斗上回流，但需确保反应不能过于剧烈而导致样品溢出）。

移去表面皿或玻璃漏斗，赶掉全部酸液至湿盐状态，加 10 mL 蒸馏水溶解，趁热过滤至 50 mL 容量瓶中，定容。

（2）空白试样：不加样品，但采用与土壤样品相同的试剂和步骤进行消解，每批样品至少制备 2 个以上空白溶液。

### 3. 标准曲线的配制

按表 27-1 所示，配制铜、锌、镉、铅、镍、铬的标准溶液系列。即吸取一定量的铜、锌、镉、铅、镍、铬的标准工作溶液（$c$ 50 mg·L$^{-1}$）分别置于一组 50 mL 容量瓶中，用硝酸溶液（体积分数为 0.2%）稀释至刻度，混匀。

表 27-1 采用原子吸收分光光度法的标准溶液系列

| 序号 | Cu 标准系列浓度 (mg·L$^{-1}$) | Zn 标准系列浓度 (mg·L$^{-1}$) | Cd/火焰法 标准系列浓度 (mg·L$^{-1}$) | Cd/石墨炉法 标准系列浓度 (μg·L$^{-1}$) | Pb/火焰法 标准系列浓度 (mg·L$^{-1}$) | Pb/石墨炉法 标准系列浓度 (μg·L$^{-1}$) | Ni 标准系列浓度 (mg·L$^{-1}$) | Cr 标准系列浓度 (mg·L$^{-1}$) |
|---|---|---|---|---|---|---|---|---|
| 1 | 0 | 0 | 0 | 0 | 0 | 0 | 0 | 0 |
| 2 | 0.20 | 0.20 | 0.10 | 0.50 | 0.50 | 2.50 | 0.20 | 0.50 |
| 3 | 0.40 | 0.40 | 0.20 | 1.00 | 1.00 | 5.00 | 0.40 | 1.00 |
| 4 | 0.60 | 0.60 | 0.40 | 2.00 | 2.00 | 10.00 | 0.60 | 2.00 |
| 5 | 0.80 | 0.80 | 0.60 | 3.00 | 3.00 | 15.00 | 0.80 | 3.00 |
| 6 | 1.00 | 1.00 | 1.00 | 5.00 | 5.00 | 25.00 | 1.00 | 4.00 |

注：①铜、锌、镉（火焰法）、铅（火焰法）、镍、铬标准系列均按照表中各自标准系列浓度数值配制，即分别吸取与浓度数据相同毫升数（mL）的标准工作溶液（$c$ 50 mg·L$^{-1}$）于 50 mL 容量瓶中，配制系列浓度。②镉（石墨炉法）标准溶液系列的配制：吸取与浓度数据相同毫升数（mL）的镉标准溶液（$c$ 0.05 mg·L$^{-1}$）于 50 mL 容量瓶中，配制系列浓度。③铅（石墨炉法）标准溶液系列的配制：分别吸取 0.00 mL、0.50 mL、1.00 mL、2.00 mL、3.00 mL、5.00 mL 铅标准溶液（$c$ 0.25 mg·L$^{-1}$）于 50 mL 容量瓶中，配制系列浓度。

**4. 待测液的测定**

将仪器调至最佳工作条件，上机测定；测定顺序为先标准系列各点，然后空白、试样。

**5. 仪器参考条件**

（1）铜、锌、镉、铅、镍、铬火焰原子吸收法仪器参考条件，见表27-2。

（2）镉、铅石墨炉原子吸收法仪器参考条件，见表27-3。

表27-2 火焰原子吸收法仪器参考条件

| 元 素 | Cu | Zn | Cd | Pb | Ni | Cr |
|---|---|---|---|---|---|---|
| 测定波长(nm) | 324.8 | 213.9 | 228.8 | 283.3 | 232.0 | 357.9 |
| 通带宽度(nm) | 1.3 | 1.3 | 1.3 | 1.3 | 0.2 | 0.7 |
| 灯电流(mA) | 7.5 | 7.5 | 7.5 | 7.5 | 7.5 | 7.0 |
| 火焰性质 | 空气-乙炔火焰，Cr用还原性，其他用氧化性 | | | | | |

表27-3 石墨炉原子吸收法仪器参考条件

| 元 素 | Cd | Pb | 元 素 | Cd | Pb |
|---|---|---|---|---|---|
| 测定波长(nm) | 228.8 | 283.3 | 原子化(℃/S) | 1500/5 | 2000/5 |
| 通带宽度(nm) | 1.3 | 1.3 | 清除(℃/S) | 2600/3 | 2700/3 |
| 灯电流(mA) | 7.5 | 7.5 | 原子化阶段是否停气 | 是 | 是 |
| 干燥(℃/S) | 85~100/20 | 80~100/20 | | | |
| 灰化(℃/S) | 500/20 | 700/20 | 进样量(μL) | 10 | 10 |

## 七、结果记录与计算

**1. 结果记录**

将实验结果记录于27-4表中。

表27-4 土壤重金属元素测定结果记录表

土壤名称： 采集地点： 层次深度： 粒径：

| 项 目 | 重复次数 | | | 空白1 | 空白2 |
|---|---|---|---|---|---|
| | 1 | 2 | 3 | | |
| 称样质量(g) | | | | | |
| 滤液定容体积(mL) | | | | | |
| 仪器读数 | | | | | |
| 查得浓度(mg·L$^{-1}$) | | | | | |
| 重金属元素含量(mg·kg$^{-1}$) | | | | | |
| 平均值(mg·kg$^{-1}$) | | | | | |
| 标准曲线测定 浓度(mg·L$^{-1}$) | | | | | |
| 标准曲线测定 仪器读数 | | | | | |

测定日期： 测定人：

2. 计算公式

(1) 火焰法测定土壤样品中铜、锌、镉、铅、镍、铬含量

$$\text{土壤重金属含量}(\text{mg} \cdot \text{kg}^{-1}) = \frac{(\rho - \rho_0) \times V}{m \times K} \tag{27-1}$$

式中 $\rho$ ——从标准曲线上查得待测液中重金属元素的浓度($\text{mg} \cdot \text{L}^{-1}$);

$\rho_0$ ——空白溶液中重金属元素的浓度($\text{mg} \cdot \text{L}^{-1}$);

$V$ ——样品消解后定容体积(mL);

$m$ ——风干土样品的质量(g);

$K$ ——将风干土换算成烘干土的系数。

(2) 石墨炉法测定土壤样品中镉、铅含量

$$\text{土壤重金属含量}(\text{mg} \cdot \text{kg}^{-1}) = \frac{(\rho - \rho_0) \times V}{m \times K \times 1\,000} \tag{27-2}$$

式中 $\rho$ ——从标准曲线上查得待测液中重金属元素的浓度($\mu\text{g} \cdot \text{L}^{-1}$);

$\rho_0$ ——空白溶液中重金属元素的浓度($\mu\text{g} \cdot \text{L}^{-1}$);

$V$ ——样品消解后定容体积(mL);

$m$ ——风干土样品的质量(g);

$K$ ——将风干土换算成烘干土的系数;

$1\,000$ ——将 $\mu\text{g}$ 换算为 mg 的系数。

# 八、注意事项

(1) 我国土壤中全铜的含量一般为 4～150 $\text{mg} \cdot \text{kg}^{-1}$,平均约 22 $\text{mg} \cdot \text{kg}^{-1}$;全锌含量一般为 3～709 $\text{mg} \cdot \text{kg}^{-1}$,平均约 100 $\text{mg} \cdot \text{kg}^{-1}$;表土含镉 0.07～1.1 $\text{mg} \cdot \text{kg}^{-1}$,土壤镉背景值一般不超过 0.5 $\text{mg} \cdot \text{kg}^{-1}$;非污染表土铅含量一般为 3～189 $\text{mg} \cdot \text{kg}^{-1}$,多数在 10～67 $\text{mg} \cdot \text{kg}^{-1}$;表土中一般含铬平均为 65 $\text{mg} \cdot \text{kg}^{-1}$,某些发育于蛇纹岩上的土壤可高达 2 000～4 000 $\text{mg} \cdot \text{kg}^{-1}$;表土中镍的含量一般为 1～100 $\text{mg} \cdot \text{kg}^{-1}$。

(2) 消解时,含有机物过多的土壤,应增加王水用量,以便使大部分有机物消化完全。样品经消解后,土粒若为深灰色,说明有机物质尚未消化完全,应再加王水消解至灰白色。

(3) 若使用 ICP 进行重金属元素的测定时,需将待测液进行适当稀释后再上机,或消解时减少称样量。

(4) 王水提取—电感耦合等离子体质谱法测定土壤 12 种金属元素(HJ 803—2016)

① 电热板消解:称取待测样品 0.1 g(精确至 0.000 1 g),置于已准备好的 100 mL 锥形瓶中,加入 6 mL 王水溶液,放上玻璃漏斗,于电热板上加热,保持王水处于微沸状态 2 h(保持王水蒸气在瓶壁和玻璃漏斗上回流,但反应不能过于剧烈而导致样品溢出)。消解结束后静置冷却至室温,用慢速定量滤纸过滤至 50 mL 容量瓶中。待消解液滤尽后,用少量 0.5 $\text{mol} \cdot \text{L}^{-1}$ 硝酸溶液清洗玻璃漏斗、锥形瓶和滤渣至少 3 次,洗液一并过滤收集于容量瓶中,用去离子水定容至刻度。空白的消解方法同土壤样品。

② 微波消解:称取待测土壤样品 0.1 g(精确至 0.000 1 g),置于聚四氟乙烯密闭消解

罐中，加入 6 mL 王水。将消解罐安置于消解罐支架，放入微波消解仪中，按照表 27-5 提供的微波消解参考程序进行消解，消解结束后冷却至室温。打开密闭消解罐，用慢速定量滤纸将消解液过滤收集于 50 mL 容量瓶中。待消解液滤尽后，用少量 0.5 mol·L$^{-1}$ 硝酸溶液清洗聚四氟乙烯密闭消解罐的盖子内壁、罐体内壁和滤渣至少 3 次，洗液一并过滤收集于容量瓶中，用去离子水定容至刻度。也可参照微波消解仪说明书，优化其功率、升温时间、温度、保持时间等参数。空白的消解方法同土壤样品。

表 27-5 微波消解参考程序

| 步骤 | 升温时间(min) | 目标温度(℃) | 保持时间(min) |
|---|---|---|---|
| 1 | 5 | 120 | 2 |
| 2 | 4 | 150 | 5 |
| 3 | 5 | 185 | 40 |

(5) 待测液的重金属含量用 ICP 测定时，各重金属的标准系列浓度可参见表 27-6。

表 27-6 采用 ICP 测定的标准溶液系列

| 序号 | Cu 标准系列浓度 (μg·L$^{-1}$) | Zn 标准系列浓度 (μg·L$^{-1}$) | Cd 标准系列浓度 (μg·L$^{-1}$) | Pb 标准系列浓度 (μg·L$^{-1}$) | Cr 标准系列浓度 (μg·L$^{-1}$) | Ni 标准系列浓度 (μg·L$^{-1}$) | Mn 标准系列浓度 (μg·L$^{-1}$) | Co 标准系列浓度 (μg·L$^{-1}$) | Mo 标准系列浓度 (μg·L$^{-1}$) | As 标准系列浓度 (μg·L$^{-1}$) | V(钒) 标准系列浓度 (μg·L$^{-1}$) | Sb(锑) 标准系列浓度 (μg·L$^{-1}$) |
|---|---|---|---|---|---|---|---|---|---|---|---|---|
| 1 | 0 | 0 | 0 | 0 | 0 | 0 | 0 | 0 | 0 | 0 | 0 | 0 |
| 2 | 25.00 | 20.00 | 0.20 | 20.00 | 25.00 | 10.00 | 200.00 | 10.00 | 1.00 | 10.00 | 20.00 | 1.00 |
| 3 | 50.00 | 40.00 | 0.40 | 40.00 | 50.00 | 20.00 | 400.00 | 20.00 | 2.00 | 20.00 | 40.00 | 2.00 |
| 4 | 75.00 | 80.00 | 0.60 | 60.00 | 100.00 | 50.00 | 600.00 | 40.00 | 3.00 | 30.00 | 80.00 | 3.00 |
| 5 | 100.00 | 160.00 | 0.80 | 80.00 | 150.00 | 80.00 | 800.00 | 60.00 | 4.00 | 40.00 | 160.00 | 4.00 |
| 6 | 150.00 | 320.00 | 1.00 | 100.00 | 200.00 | 100.00 | 1000.00 | 80.00 | 5.00 | 50.00 | 320.00 | 5.00 |

(6) 硝酸溶液 [$c(HNO_3) = 0.5$ mol·L$^{-1}$] 的配制：吸取浓硝酸 31.5 mL 于水中，稀释至 1 L。

## 九、思考题

土壤全量重金属元素待测液制备方法有哪些？各有什么优缺点？

# 实验二十八　土壤有效态微量元素的测定（DTPA 浸提法）

## 一、目的意义

微量元素是指土壤中含量很低的化学元素，作物必需的微量元素有铁、锰、铜、锌、硼、钼等。土壤中微量元素过多或过少均会影响作物生长，且缺乏、适量和致毒量之间的范围较窄。因此，土壤中微量元素不仅有供应不足的问题，也有供应过多造成毒害的问题。明确土壤中有效态微量元素的含量，有助于正确判断土壤中微量元素的供给情况。

土壤中微量元素的含量主要受土壤类型和成土母质的影响，不同土壤之间变幅较大。土壤中微量元素以多种形态存在，一般可分为水溶态、交换态、螯合态和矿物态，其中，前三种形态属植物有效态。通常，土壤微量元素的全量高低，与植物的营养关系不大，而有效态含量的高低则直接影响其生物有效性以及环境迁移性。因此，无论是从植物营养还是土壤环境的角度，合理地选择提取剂或提取方法以测定有效态微量元素的含量都十分必要。

## 二、方法选择

土壤微量元素的有效性受土壤酸碱度、氧化还原电位、土壤通透性和水分状况等土壤环境条件的影响，其中以土壤的酸碱度影响最大。土壤中的铁、锰、锌、硼的有效性随土壤 pH 的升高而降低，钼的有效性则呈相反的趋势。因此，在提取有效态微量元素时，必须根据土壤的酸碱性选择适宜的浸提剂。由于有效态含量因提取剂或提取方法的不同测定结果相差较大，故土壤中微量元素的有效态含量需要注明提取测定方法。

土壤有效铁、锰、铜和锌的浸提剂种类很多，目前锰常用的浸提剂有 $1\ mol\cdot L^{-1}$ $NH_4OAc$ 溶液（交换性锰）、$0.2\%$ 对苯二酚 $-1\ mol\cdot L^{-1}\ NH_4OAc$ 溶液（易还原锰）。中性—酸性土壤的有效锌和铜常用的浸提剂是 $0.1\ mol\cdot L^{-1}\ HCl$ 溶液，而中性—石灰性土壤常用的浸提液是 DTPA 溶液，它也同时适用于有效铁、锰的浸提，但以锌的浸出量与作物反应的相关性最佳，铁次之，锰与铜稍差。近年来，为适应自动化测试需要，多元素通用浸提剂的使用越来越受到关注，如 $0.005\ mol\cdot L^{-1}\ DTPA - 1.0\ mol\cdot L^{-1}$ 碳酸氢铵（简称 DTPA - AB 法），可用于中性—石灰性土壤的有效铁、锰、铜、锌和有效磷、钾、硝态氮等养分的测定；Mehlich 3 通用浸提剂则可用于中性—酸性土壤有效铁、锰、铜、锌、硼以及有效磷、钾、钙、镁等多种养分的测定。浸出液中铁、锰、铜、锌、磷、钾、钙、镁等元素的定量方法有分光光度法、原子吸收分光光度法（AAS）以及电感耦合等离子体发射光谱法（ICP - AES）等。

本实验选用 $DTPA - CaCl_2 - TEA$ 浸提，此方法适用于 pH 大于 6 的中性——石灰性土壤（NY/T 890—2004），能同时用于土壤有效铁、锰、铜、锌、钴、镍、镉、铅等有效态元素的测定（HJ 804—2016）。

## 三、实验原理

用 pH 7.30 的 0.005 mol·L$^{-1}$ DTPA(二乙烯三胺五乙酸) – 0.01 mol·L$^{-1}$ CaCl$_2$ – 0.1 mol·L$^{-1}$ TEA(三乙醇胺)缓冲溶液浸提出土壤中的各有效态元素,用原子吸收分光光度法或电感耦合等离子体发射光谱法测定各有效元素的含量。

DTPA 与金属离子的螯合能力较强,在 pH 7.30 时,仍能与 Zn、Mn、Fe、Cu 离子螯合。因此,在浸提土壤过程中 DTPA 与溶液中游离的金属离子形成可溶性螯合物,降低了溶液中金属离子的浓度,使土壤固相上对植物营养有效性较高的离子转入溶液中而被浸提。TEA 使浸提剂呈微碱性,并使其具有较强的缓冲性,在 pH 7.30 时,TEA 约有四分之三质子化,能使土壤中的交换性离子被交换下来。适量浓度的 Ca$^{2+}$(0.01 mol·L$^{-1}$ CaCl$_2$)能抑制土壤中 CaCO$_3$ 的溶解,避免有效性低的闭蓄态养分的溶解。浸出液中的铁、锰、铜、锌等元素的定量,可直接用原子吸收分光光度计分别测定,也可用电感耦合等离子体发射光谱仪同时完成铁、锰、铜、锌、钴、镍、镉、铅等元素的测定。

## 四、仪器设备

振荡器、pH 计、原子吸收分光光度计或 ICP – AES、容量瓶、中速定量滤纸等。

## 五、试剂配制

**1. DTPA 浸提剂**

(1) 成分:0.005 mol·L$^{-1}$ DTPA – 0.01 mol·L$^{-1}$ CaCl$_2$ – 0.1 mol·L$^{-1}$ TEA,pH7.30。

(2) 配制方法:称取 DTPA(二乙烯三胺五乙酸,C$_{14}$H$_{23}$N$_3$O$_{10}$,分析纯)1.967 g,以及 TEA(三乙醇胺,C$_6$H$_{15}$NO$_3$,分析纯)14.92 g 于烧杯中,加少量去离子水溶解后,再加 CaCl$_2$·2H$_2$O(分析纯)1.47 g,使其溶解,然后一并转入 1 L 容量瓶中,加水至约 950 mL;在 pH 计上用盐酸溶液(1+1)调节至 pH 7.30(每升浸提剂约需 1+1 HCl 溶液 8.5 mL),最后用去离子水定容,贮于塑料瓶中。

**2. 标准贮备液**

任选下列方法之一配制,亦可购买市售有证标准物质。

(1) 单元素标准贮备液($c$ = 1 000 mg·L$^{-1}$):称取高纯度的金属(纯度大于 99.9%)或金属盐类于烧杯中,配制成 1 000 mg·L$^{-1}$ 含盐酸溶液(1+1)的标准贮备溶液,溶液的盐酸含量在 1%(V/V)以上。

方法一:

分别称取高纯金属铁、锰、铜、锌(光谱纯)1.000 g,于不同烧杯中,用 30 mL 盐酸溶液(1+1)加热溶解,冷却后,转移至 1 L 容量瓶中,稀释至刻度,混匀,贮存于塑料瓶中。铁、锰、铜、锌标准贮备液浓度为 1 000 mg·L$^{-1}$。

方法二:

铁标准贮备液[$c$(Fe) = 1 000 mg·L$^{-1}$]:称取硫酸铁铵[NH$_4$Fe(SO$_4$)$_2$·12H$_2$O 分析纯]8.634 g 溶于水中,转移至 1 L 容量瓶,加 10 mL 硫酸溶液(1+5),稀释至刻度。

锰标准贮备液[$c$(Mn) = 1 000 mg·L$^{-1}$]:称取无水硫酸锰(将 MnSO$_4$·7H$_2$O 于

150℃烘干，移入高温电炉中 400℃灼烧 6 h)2.749 g 溶于水中，转移至 1 L 容量瓶，加 5 mL 硫酸溶液(1+5)，稀释至刻度。

铜标准贮备液 $[c(Cu)=1\,000\,mg\cdot L^{-1}]$：称取硫酸铜($CuSO_4\cdot 5H_2O$ 分析纯，未风化)3.928 g 溶于水中，转移至 1 L 容量瓶中，加 5 mL 硫酸溶液(1+5)，稀释至刻度。

锌标准贮备液 $[c(Zn)=1\,000\,mg\cdot L^{-1}]$：称取硫酸锌($ZnSO_4\cdot 7H_2O$ 分析纯，未风化)4.398 g 溶于水中，转移至 1L 容量瓶，加 5 mL 硫酸溶液(1+5)，稀释至刻度。

(2)单元素标准溶液($c=100\,mg\cdot L^{-1}$)：取 10 mL 单元素标准贮备液($c=1\,000\,mg\cdot L^{-1}$)于 100 mL 容量瓶，加去离子水稀释至刻度，摇匀备用。

## 六、操作步骤

1. 浸提液制备

称取过 1 mm 筛(尼龙筛)的风干土样 10.00 g 于 150 mL 三角瓶或塑料瓶中，加入 20.0 mL DTPA 浸提剂，在 20~25 ℃温度下振荡 2 h(振荡频率 160~200 $r\cdot min^{-1}$)，过滤后，滤液于 48 h 内在原子吸收分光光度计或电感耦合等离子体发射光谱仪上测定。

2. 待测液中铁、锰、铜、锌的测定

(1)原子吸收分光光度法

①标准曲线的绘制：按表 28-1 所列，配制铁、锰、铜、锌的标准溶液系列。即吸取一定量的铁、锰、铜、锌标准溶液($c\,100\,mg\cdot L^{-1}$)分别置于一组 100 mL 容量瓶中，用 DTPA 浸提剂稀释至刻度，混匀。

②测定前，根据待测元素性质，参照仪器使用说明书，对波长、灯电流、狭缝、能量、空气-乙炔流量比、燃烧头高度等仪器工作条件进行选择，调整仪器至最佳工作状态。

③以 DTPA 浸提剂校正仪器零点，采用乙炔-空气火焰，在原子吸收分光光度计上分别测定标准溶液中铁、锰、铜、锌的消光度。以浓度为横坐标，消光度为纵坐标，分别绘制铁、锰、铜、锌的标准工作曲线。

④待测液的测定：将滤液直接上机测定。若滤液中测定元素的浓度较高时，可用 DTPA 浸提剂稀释后，再上机测定。

表 28-1 采用原子吸收分光光度法的标准溶液系列

| 序号 | Fe | | Mn | | Cu | | Zn | |
|---|---|---|---|---|---|---|---|---|
| | 吸取标准溶液体积(mL) | 相应浓度($mg\cdot L^{-1}$) | 吸取标准溶液体积(mL) | 相应浓度($mg\cdot L^{-1}$) | 吸取标准溶液体积(mL) | 相应浓度($mg\cdot L^{-1}$) | 吸取标准溶液体积(mL) | 相应浓度($mg\cdot L^{-1}$) |
| 1 | 0 | 0 | 0 | 0 | 0 | 0 | 0 | 0 |
| 2 | 1.00 | 1.00 | 1.00 | 1.00 | 0.50 | 0.50 | 0.25 | 0.25 |
| 3 | 2.00 | 2.00 | 2.00 | 2.00 | 1.00 | 1.00 | 0.50 | 0.50 |
| 4 | 4.00 | 4.00 | 4.00 | 4.00 | 2.00 | 2.00 | 1.00 | 1.00 |
| 5 | 6.00 | 6.00 | 6.00 | 6.00 | 3.00 | 3.00 | 1.50 | 1.50 |
| 6 | 8.00 | 8.00 | 8.00 | 8.00 | 4.00 | 4.00 | 2.00 | 2.00 |
| 7 | 10.00 | 10.00 | 10.00 | 10.00 | 5.00 | 5.00 | 2.50 | 2.50 |

注：标准溶液系列的配制可根据试样溶液中待测元素含量的多少和仪器灵敏度高低适当调整。

（2）电感耦合等离子体发射光谱法

①标准曲线的绘制：按表28-2所列，配制铁、锰、铜、锌等元素的混合标准溶液系列。吸取一定量的铁、锰标准贮备液（$c$ 1 000 mg · $L^{-1}$），铜、锌标准溶液（$c$ 100 mg · $L^{-1}$），置于同一组100 mL容量瓶中，用DTPA浸提剂稀释至刻度，混匀。

表28-2　采用电感耦合等离子体发射光谱法的标准溶液系列

| 序号 | Fe | | Mn | | Cu | | Zn | |
|---|---|---|---|---|---|---|---|---|
| | 吸取标准贮备液体积(mL) | 相应浓度(mg · $L^{-1}$) | 吸取标准贮备液体积(mL) | 相应浓度(mg · $L^{-1}$) | 吸取标准溶液体积(mL) | 相应浓度(mg · $L^{-1}$) | 吸取标准溶液体积(mL) | 相应浓度(mg · $L^{-1}$) |
| 1 | 0 | 0 | 0 | 0 | 0 | 0 | 0 | 0 |
| 2 | 0.50 | 5.00 | 0.20 | 2.00 | 0.25 | 0.25 | 0.20 | 0.20 |
| 3 | 1.00 | 10.00 | 0.50 | 5.00 | 0.50 | 0.50 | 0.50 | 0.50 |
| 4 | 2.00 | 20.00 | 1.00 | 10.00 | 1.00 | 1.00 | 1.00 | 1.00 |
| 5 | 4.00 | 40.00 | 2.00 | 20.00 | 2.00 | 2.00 | 2.00 | 2.00 |
| 6 | 8.00 | 80.00 | 3.00 | 30.00 | 4.00 | 4.00 | 4.00 | 4.00 |

②测定前，根据待测元素性质，参照仪器使用说明书，对波长、射频发生器频率、功率、工作气体流量、观测高度、提升量、积分时间等仪器工作条件进行选择，调整仪器至最佳工作状态。

③以DTPA浸提剂为标准工作溶液系列的最低标准点，用电感耦合等离子体发射光谱仪测定混合标准溶液中铁、锰、铜、锌的强度，经微机处理各元素的分析数据，得出标准工作曲线。

④待测液的测定：以DTPA浸提剂为低标，标准溶液系列中浓度最高的标准浓度为高标，校准标准工作曲线，然后测定待测液中铁、锰、铜、锌的浓度。

## 七、结果记录与计算

1. 结果记录

将实验结果记录于表28-3中。

表28-3　土壤有效态微量元素测定结果记录表

土壤名称：　　　　采集地点：　　　　层次深度：　　　　粒径：

| 项目 | | 重复次数 | | | 空白1 | 空白2 |
|---|---|---|---|---|---|---|
| | | 1 | 2 | 3 | | |
| 称样质量(g) | | | | | | |
| 浸提剂用量(mL) | | | | | | |
| 仪器读数 | | | | | | |
| 查得浓度(mg · $L^{-1}$) | | | | | | |
| 有效态微量元素含量(mg · $kg^{-1}$) | | | | | | |
| 平均值(mg · $kg^{-1}$) | | | | | | |
| 标准曲线测定 | 浓度(mg · $L^{-1}$) | | | | | |
| | 仪器读数 | | | | | |

测定日期：　　　　　　　　　　　　测定人：

2. 计算公式

$$\text{土壤有效态微量元素含量}(\text{mg}\cdot\text{kg}^{-1}) = \frac{\rho \times V}{m \times K} \quad (28\text{-}1)$$

式中 $\rho$——从标准曲线上查得的待测液中微量元素的浓度($\text{mg}\cdot\text{L}^{-1}$)；

$V$——加入的 DTPA 浸提液体积(mL)；

$m$——称取风干土样品的质量(g)；

$K$——将风干土换算成烘干土的换算系数。

## 八、注意事项

(1) DTPA 浸提液测定有效 Fe、Mn、Cu、Zn 结果的参考缺乏临界值分别为：Fe 2.5～4.5 $\text{mg}\cdot\text{kg}^{-1}$；Mn 1.0 $\text{mg}\cdot\text{kg}^{-1}$；Cu 0.2 $\text{mg}\cdot\text{kg}^{-1}$；Zn 0.5～1.0 $\text{mg}\cdot\text{kg}^{-1}$。

(2) 为防止污染，采样和样品制备过程中应尽量避免使用金属制品，且最好用塑料制品。

(3) 在振荡 2 h 的条件下，土壤与浸提剂之间的反应并未达到平衡，所以影响土壤与浸提液反应速率的因素，都会影响浸出的金属离子数量。因此，实验中浸提条件(如振荡时间、振荡强度、温度等)必须标准化，否则各批样品的测定结果无法相互比较。

(4) 酸性土壤可用 0.1 $\text{mol}\cdot\text{L}^{-1}$ 盐酸溶液浸提：称取过 1 mm 筛(尼龙筛)的风干土样 10.00 g 于塑料瓶中，加入 50.0 mL 盐酸浸提剂，振荡 1.5 h，过滤或离心后，滤液在原子吸收分光光度计或电感耦合等离子体发射光谱仪上测定。使用 ICP–AES 测定时，高标与低标应同样用盐酸浸提剂配制。

(5) Mehlich 3 浸提剂组成为：0.2 $\text{mg}\cdot\text{L}^{-1}$ HAc、0.25 $\text{mg}\cdot\text{L}^{-1}$ $\text{NH}_4\text{NO}_3$、0.015 $\text{mg}\cdot\text{L}^{-1}$ $\text{NH}_4\text{F}$、0.013 $\text{mg}\cdot\text{L}^{-1}$ $\text{HNO}_3$ 和 0.001 $\text{mg}\cdot\text{L}^{-1}$ EDTA。浸提剂中的 0.2 $\text{mg}\cdot\text{L}^{-1}$ HAc 与 0.25 $\text{mg}\cdot\text{L}^{-1}$ $\text{NH}_4\text{NO}_3$ 形成了 pH 2.5 的强缓冲体系，并可浸提出交换性 K、Ca、Mg、Fe、Mn、Cu、Zn 等阳离子；0.015 $\text{mg}\cdot\text{L}^{-1}$ $\text{NH}_4\text{F}$ 与 0.013 $\text{mg}\cdot\text{L}^{-1}$ $\text{HNO}_3$ 可调控 P 从 Ca、Al、Fe 无机磷源中的解吸；0.001 $\text{mg}\cdot\text{L}^{-1}$ EDTA 可浸出螯合态 Fe、Mn、Cu、Zn 等。因此，Mehlich 3 浸提剂可同时提取土壤中有效铁、锰、铜、锌、硼以及有效磷、钾、钙、镁等多种养分，尤其在中性—酸性土壤上的测定结果与传统方法相关性较好。

(6) DTPA—AB 法的浸提剂组成为：0.005 $\text{mol}\cdot\text{L}^{-1}$ DTPA、1.0 $\text{mol}\cdot\text{L}^{-1}$ 碳酸氢铵。通常，Olsen($\text{NaHCO}_3$) 法是测定有效磷的常用方法；$\text{NH}_4\text{OAc}$ 是测定交换性钾的成熟方法，而 DTPA 法则常用于微量元素测定。DTPA—AB 法实际上是在上述三种成熟法浸提剂的基础上合并为一种浸提剂，从而同时浸提 P、K 和微量元素等。其中，DTPA 用来和微量元素螯合，$\text{HCO}_3^-$ 用来浸提 P，$\text{NH}_4^+$ 用来提取 K，而水溶液则用来浸提 $\text{NO}_3^-$。本法主要适用于中性—石灰性土壤的有效铁、锰、铜、锌和有效磷、钾、硝态氮等养分的测定，也可用来对某些污染元素进行浸提和测定，如 Pb、Cd、Ni、Se 等。

(7) DTPA—$\text{CaCl}_2$—TEA 浸提—电感耦合等离子体发射光谱法(HJ 804—2016)，测定土壤 8 种有效态元素的含量时，各元素的标准系列浓度参见表 28-4。

表 28-4  采用 ICP 测定的标准溶液系列

| 序号 | Fe 标准系列浓度 (mg·L$^{-1}$) | Mn 标准系列浓度 (mg·L$^{-1}$) | Cu 标准系列浓度 (mg·L$^{-1}$) | Zn 标准系列浓度 (mg·L$^{-1}$) | Cd 标准系列浓度 (mg·L$^{-1}$) | Pb 标准系列浓度 (mg·L$^{-1}$) | Co 标准系列浓度 (mg·L$^{-1}$) | Ni 标准系列浓度 (mg·L$^{-1}$) |
|---|---|---|---|---|---|---|---|---|
| 1 | 0 | 0 | 0 | 0 | 0 | 0 | 0 | 0 |
| 2 | 5.00 | 2.00 | 0.25 | 0.20 | 0.01 | 0.50 | 0.10 | 0.05 |
| 3 | 10.00 | 5.00 | 0.50 | 0.50 | 0.02 | 1.00 | 0.20 | 0.25 |
| 4 | 20.00 | 10.00 | 1.00 | 1.00 | 0.04 | 1.50 | 0.30 | 0.50 |
| 5 | 40.00 | 20.00 | 2.00 | 2.00 | 0.08 | 2.00 | 0.40 | 0.75 |
| 6 | 80.00 | 30.00 | 4.00 | 4.00 | 0.12 | 5.00 | 0.50 | 1.00 |

## 九、思考题

（1）影响微量元素有效性的因素有哪些？pH 对 B、Mo、Zn、Fe、Cu、Mn 的有效性影响有何不同？如何正确评价土壤有效养分的测定结果？

（2）为尽可能减少污染，从样品采集到测定的过程中微量元素分析应注意哪些问题？

（3）DTPA - CaCl$_2$ - TEA 浸提液的试剂成分、浓度及主要作用如何？

# 参考文献

鲍士旦, 1999. 土壤农化分析[M]. 北京. 中国农业出版社.
鲍士旦, 2005. 土壤农化分析[M]. 3 版. 北京：中国农业出版社.
陈怀满, 2005. 环境土壤学[M]. 北京：科学出版社.
陈立新, 2005. 土壤学实验实习教程[M]. 哈尔滨：东北林业大学出版社.
国家标准局, 1988. 森林土壤分析方法（第二分册）[M]. 北京：中国标准出版社.
哈兹耶夫 ΦΧ, 1984. 土壤酶活性[M]. 郑洪元, 等译. 北京：科学出版社.
劳家柽, 1988. 土壤农化分析手册[M]. 北京：农业出版社.
李酉开, 1983. 土壤农业化学常规分析方法[M]. 北京：科学出版社.
林大仪, 2002. 土壤学[M]. 北京：中国林业出版社.
林大仪, 2004. 土壤学实验指导[M]. 北京：中国林业出版社.
林大仪, 2008. 土壤学实验指导[M]. 北京：中国林业出版社.
刘孝义, 1982. 土壤物理及土壤改良研究法[M]. 上海：上海科学技术出版社.
鲁如坤, 中国土壤学会编, 1999. 土壤农业化学分析方法[M]. 北京：中国农业科学技术出版社.
罗汝英, 1992. 土壤学[M]. 北京：中国林业出版社.
吕贻忠, 2006. 土壤学[M]. 北京：中国农业出版社.
南京农业大学, 1998. 土壤农化分析[M]. 2 版. 北京：中国农业出版社.
全国农业技术推广服务中心, 2006. 土壤分析技术规范[M]. 2 版. 北京：中国农业出版社.
孙向阳, 2005. 土壤学[M]. 北京：中国林业出版社.
奚旦立, 孙裕生, 刘秀英, 2004. 环境监测[M]. 3 版. 北京：高等教育出版社.
许光辉, 郑洪元, 1986. 土壤微生物分析方法手册[M]. 北京：中国农业出版社.
杨剑虹, 王成林, 代亨林, 2008. 土壤农化分析与环境监测[M]. 北京：中国大地出版社.
于天仁, 王振权, 1988. 土壤分析化学[M]. 北京：科学出版社.
张福锁, 2011. 测土配方施肥技术[M]. 北京：中国农业大学出版社.
张万儒, 许本彤, 1986. 森林土壤定位研究方法[M]. 北京：中国林业出版社.
张韫, 2011. 土壤·水·植物理化分析教程[M]. 北京：中国林业出版社.
中国标准出版社, 1998. 中国林业标准汇编（营造林卷）[M]. 北京：中国标准出版社.
中国科学院林业土壤研究所, 1960. 土壤微生物分析方法手册[M]. 北京：科学出版社.
中国科学院南京土壤研究所, 1977. 土壤理化分析[M]. 上海：上海科学技术出版社.

中国科学院南京土壤研究所土壤物理研究室, 1978. 土壤物理性质测定法[M]. 北京: 科学出版社.

中国土壤学会农业化学专业委员会, 1983. 土壤农业化学常规分析方法[M]. 北京: 科学出版社.

周礼恺, 1987. 土壤酶学[M]. 北京: 科学出版社.

中华人民共和国农业部, 2017. 土壤硝态氮的测定——紫外分光光度法: GB/T 32737—2016[S]. 北京: 中国标准出版社.

吉林省质量监督技术局, 2018. 农田土壤中铵态氮、硝态氮的测定 流动注射分析法: DB 22/T 2270—2018[S]. 长春: 吉林省质量监督技术局.

# 附　录

## 附录1　常用元素的相对原子质量表(保留两位小数)

| 原子序数 | 元素符号 | 中文名称 | 英文名称 | 相对原子质量 | 原子序数 | 元素符号 | 中文名称 | 英文名称 | 相对原子质量 |
|---|---|---|---|---|---|---|---|---|---|
| 1 | H | 氢 | hydrogen | 1.01 | 44 | Ru | 钌 | ruthenium | 101.07 |
| 2 | He | 氦 | helium | 4.00 | 45 | Rh | 铑 | rhodium | 102.91 |
| 3 | Li | 锂 | lithium | 6.94 | 46 | Pd | 钯 | palladium | 106.42 |
| 4 | Be | 铍 | beryllium | 9.01 | 47 | Ag | 银 | silver | 107.87 |
| 5 | B | 硼 | boron | 10.81 | 48 | Cd | 镉 | cadmium | 112.41 |
| 6 | C | 碳 | carbon | 12.01 | 49 | In | 铟 | indium | 114.82 |
| 7 | N | 氮 | nitrogen | 14.01 | 50 | Sn | 锡 | tin | 118.71 |
| 8 | O | 氧 | oxygen | 16.00 | 51 | Sb | 锑 | antimony | 121.76 |
| 9 | F | 氟 | fluorine | 19.00 | 52 | Te | 碲 | tellurium | 127.60 |
| 10 | Ne | 氖 | neon | 20.18 | 53 | I | 碘 | iodine | 126.90 |
| 11 | Na | 钠 | sodium | 22.99 | 54 | Xe | 氙 | xenon | 131.29 |
| 12 | Mg | 镁 | magnesium | 24.31 | 55 | Cs | 铯 | caesium | 132.91 |
| 13 | Al | 铝 | alu minum | 26.98 | 56 | Ba | 钡 | barium | 137.33 |
| 14 | Si | 硅 | silicon | 28.09 | 57 | La | 镧 | lanthanum | 138.91 |
| 15 | P | 磷 | phosphorus | 30.97 | 58 | Ce | 铈 | cerium | 140.12 |
| 16 | S | 硫 | sulphur | 32.07 | 59 | Pr | 镨 | praseodymium | 140.91 |
| 17 | Cl | 氯 | chlorine | 35.45 | 60 | Nd | 钕 | neodymium | 144.24 |
| 18 | Ar | 氩 | argon | 39.95 | 63 | Eu | 铕 | europium | 151.96 |
| 19 | K | 钾 | potassium | 39.10 | 64 | Gd | 钆 | gadolinium | 157.25 |
| 20 | Ca | 钙 | calcium | 40.08 | 65 | Tb | 铽 | terbium | 158.93 |
| 21 | Sc | 钪 | scandium | 44.96 | 66 | Dy | 镝 | dysprosium | 162.50 |
| 22 | Ti | 钛 | titanium | 47.87 | 67 | Ho | 钬 | holmium | 164.93 |
| 23 | V | 钒 | vanadium | 50.94 | 68 | Er | 铒 | erbium | 167.26 |
| 24 | Cr | 铬 | chromium | 52.00 | 69 | Tm | 铥 | thulium | 168.93 |
| 25 | Mn | 锰 | manganese | 54.94 | 70 | Yb | 镱 | ytterbium | 173.04 |
| 26 | Fe | 铁 | iron | 55.85 | 71 | Lu | 镥 | lutetium | 174.97 |
| 27 | Co | 钴 | cobalt | 58.93 | 72 | Hf | 铪 | hafnium | 178.49 |
| 28 | Ni | 镍 | nickel | 58.69 | 74 | W | 钨 | tungsten | 183.84 |
| 29 | Cu | 铜 | copper | 63.55 | 76 | Os | 锇 | osmium | 190.23 |
| 30 | Zn | 锌 | zinc | 65.39 | 77 | Ir | 铱 | iridium | 192.22 |
| 31 | Ga | 镓 | gallium | 69.72 | 78 | Pt | 铂 | platinum | 195.08 |
| 32 | Ge | 锗 | germanium | 72.61 | 79 | Au | 金 | gold | 196.97 |
| 33 | As | 砷 | arsenic | 74.92 | 80 | Hg | 汞 | mercury | 200.59 |
| 34 | Se | 硒 | selenium | 78.96 | 81 | Tl | 铊 | thallium | 204.38 |
| 35 | Br | 溴 | bro mine | 79.90 | 82 | Pb | 铅 | lead | 207.20 |
| 36 | Kr | 氪 | krypton | 83.80 | 83 | Bi | 铋 | bismuth | 208.98 |
| 37 | Rb | 铷 | rubidium | 85.47 | 86 | Rn | 氡 | radon | (222) |
| 38 | Sr | 锶 | strontium | 87.62 | 88 | Ra | 镭 | radium | 226.03 |
| 39 | Y | 钇 | yttrium | 88.91 | 90 | Th | 钍 | thorium | 232.04 |
| 40 | Zr | 锆 | zirconium | 91.22 | 91 | Pa | 镤 | protactinium | 231.04 |
| 41 | Nb | 铌 | niobium | 92.91 | 92 | U | 铀 | uranium | 238.03 |
| 42 | Mo | 钼 | molybdenum | 95.94 | | | | | |

## 附录2  土壤学中常用法定计量单位的表达式

| 量的名称及符号 | 法定计量单位 | 非标准的量或单位 | 备注 |
|---|---|---|---|
| 质量 $m$ | 千克(kg)，克(g)毫克(mg)，微克(μg) | 质量 | |
| 物质 B 的浓度，B 物质的量浓度 $c_B$ | 摩尔每升(mol·L$^{-1}$) | 当量浓度 N | 物质 B 的浓度：B 物质的量除以混合物的体积，即 $c_B = n_B \cdot V^{-1}$；当量浓度：用 1 L 溶液中所含溶质的克当量数来表示的溶液浓度，用符号 N 表示。一当量为得失一个电子当量浓度＝物质的量浓度/化合价 |
| 物质 B 的质量分数 $\omega_B$ | 克每千克(g·kg$^{-1}$) 毫克每千克(mg·kg$^{-1}$) 微克每千克(μg·kg$^{-1}$) | 质量百分数(%) 毫克每百克(mg/100 g) 百万分数(ppm) 十亿分之一(ppb) | 物质 B 的质量分数：B 的质量与混合物的质量之比，即 $\omega_B = m_B \cdot m^{-1}$ 1 ppm = $10^{-6}$ 1 ppb = $10^{-9}$ |
| 物质 B 的质量浓度 $\rho_B$ | 千克每立方米(kg·m$^{-3}$) 克每升(g·L$^{-1}$) 毫克每升(mg·L$^{-1}$) 微克每升(μg·L$^{-1}$) | 质量浓度 | B 的质量浓度：B 的质量除以混合物的体积，即 $\rho_B = m_B/V$ |
| 溶质 B 的质量摩尔浓度 $b_B$ | 摩尔每千克(mol·kg$^{-1}$) 摩尔每克(mol·g$^{-1}$) 毫摩尔每克(mmol·g$^{-1}$) | 质量克分子浓度 质量摩尔浓度 | 溶质 B 的质量摩尔浓度：溶液中溶质 B 的物质的量除以溶剂 A 的质量，即 $b_B = n_B/m_A$ |
| 阳离子交换量 CEC | 厘摩尔每千克(cmol·kg$^{-1}$) | 毫克当量每百克(meq/100 g) | 克当量 = 相对原子质量/化合价 1 cmol·kg$^{-1}$ = 1 meq/100 g |
| 面积 $A$ | 公顷(hm$^2$) 平方米(m$^2$) | 亩 | 1 hm$^2$ = 15 亩 1 亩 = 666.667 m$^2$ |
| 密度 $\rho$ | 千克每立方米(kg·m$^{-3}$) 克每立方厘米(g·cm$^{-3}$) | | 密度：质量除以物质所占的体积，即 $\rho = m/V$ |
| 相对密度 $d$ | —(1) | 比重($d$) | 相对密度：在给定条件下，某一物质的密度 $\rho_1$ 与另一参考物质的密度 $\rho_2$，在指明此两种物质所处状态下的比，即 $d = \rho_1/\rho_2$；比重：是某物质的密度与 4℃纯水密度 1 g·cm$^{-3}$ 的比值 |
| 容重(土壤密度) | 克每立方厘米(g·cm$^{-3}$) | | |
| 相对原子质量 $A_r$ | —(1) | 原子量(A、AW) | |
| 相对分子质量 $M_r$ | —(1) | 分子量(M、MW) | |
| 摩尔质量 $M_B$ | 千克每摩尔(kg·mol$^{-1}$) 克每摩尔(g·mol$^{-1}$) | 克分子量，克原子量，克当量 | |
| 长度 $l, L$ | 米(m)，厘米(cm)，毫米(mm)，微米(μm) | | |
| 摄氏温度 $t, \theta$ | 摄氏度(℃) | | |
| 体积 $V$ | 升(L) | | 1 L = 1 dm$^3$ = $10^{-3}$ m$^3$ |
| 时间 $t$ | 秒(s)，分(min)，时(h)，天(d) | | 1 min = 60 s；1 h = 60 min = 3 600 s 1 d = 24 h = 86 400 s |
| 速度 $v$ | 米每秒(m·s$^{-1}$) | | |
| 压力和压强 $p$ | 帕斯卡(Pa) | 巴(bar)，标准大气压(atm)，毫米汞柱(mmHg) | 1 atm = 101.325 kPa 1 mmHg = 133.322 Pa 1 bar = $10^2$ kPa |

注：非标准的量或单位目前已不再使用。

## 附录3　常用浓酸碱的密度和浓度(近似值)

| 名　称 | 密度$\rho$(20℃)($g\cdot cm^{-3}$) | 质量分数$\omega$(%) | 浓度$c_B$($mol\cdot L^{-1}$) | 配1 L 1 $mol\cdot L^{-1}$溶液所需体积(mL) |
|---|---|---|---|---|
| 盐酸 HCl | 1.18 | 36 | 11.64 | 86 |
| 硝酸 $HNO_3$ | 1.41 | 70 | 15.70 | 64 |
| 硫酸 $H_2SO_4$ | 1.84 | 97 | 18.16 | 55 |
| 磷酸 $H_3PO_4$ | 1.69 | 85 | 14.65 | 68 |
| 乙酸 HOAc | 1.05 | 99.5 | 17.40 | 58 |
| 氨水 $NH_3\cdot H_2O$ | 0.90 | 28 | 14.76 | 68 |

说明：物质B的浓度 $c_B = \dfrac{1\,000 \times 比重 \times 质量分数}{摩尔质量}$。式中，1 000表示毫升换算成升的换算因子。

## 附录4　常用基准试剂的处理方法

| 基准试剂名称 | 规格 | 标定的溶液 | 摩尔质量 | 处理方法 |
|---|---|---|---|---|
| 硼砂($Na_2B_4O_7\cdot H_2O$) | 分析纯 | 标准酸 | 219.24 | 在盛有蔗糖和食盐的饱和水溶液的干燥器内平衡1周 |
| 无水碳酸钠($Na_2CO_3$) | 分析纯 | 标准碱 | 105.99 | 180~200℃，4~6 h |
| 邻苯二甲酸氢钾($KHC_8H_4O_4$) | 分析纯 | 标准碱 | 204.22 | 105~110℃，4~6 h |
| 草酸($H_2C_2O_4\cdot 2H_2O$) | 分析纯 | 标准碱或高锰酸钾 | 126.066 | 室温 |
| 草酸钠($Na_2C_2O_4$) | 分析纯 | 高锰酸钾 | 134.000 | 150℃，2~4 h |
| 重铬酸钾($K_2Cr_2O_7$) | 分析纯 | 硫代硫酸钠等还原剂 | 294.186 | 130℃，3~4 h |
| 氯化钠(NaCl) | 分析纯 | 银盐 | 58.443 | 105℃，4~6 h |
| 金属锌(Zn) | 分析纯 | EDTA | 65.38 | 在干燥器中干燥4~6 h |
| 金属镁(Mg) | 分析纯 | EDTA | 24.305 | 100℃，1 h |
| 碳酸钙($CaCO_3$) | 分析纯 | EDTA | 100.088 | 105℃，2~4 h |

## 附录5　标准酸碱溶液的配制和标定方法

标准溶液配制应按《化学试剂 标准滴定溶液的制备》(GB/T 601—2016)、《化学试剂杂质测定用标准溶液的制备》(GB/T 602—2002)、《化学产品化学分析常用标准滴定溶液、标准溶液、试剂溶液和指示剂溶液》(HG/T 2843—1997)或指定分析方法的要求配制。

1. 氢氧化钠标准溶液的配制和标定

(1) 氢氧化钠标准溶液的配制：见附录5-1。

附录 5-1　量取氢氧化钠饱和溶液的体积

| 氢氧化钠标准溶液浓度(mol·L$^{-1}$) | 1L溶液所需氢氧化钠质量(g) | 所需饱和氢氧化钠溶液体积(mL) |
|---|---|---|
| 0.05 | 2.0 | 2.7 |
| 0.1 | 4.0 | 5.4 |
| 0.2 | 8.0 | 10.9 |
| 0.5 | 20.0 | 27.2 |
| 1.0 | 40.0 | 54.5 |

① 饱和氢氧化钠溶液：称取氢氧化钠 162 g，溶于 150 mL 无二氧化碳水中，冷却至室温，过滤，注入聚乙烯容器中，密闭放置至上层溶液清亮(放置时间约 1 周)。

② 各浓度氢氧化钠标准溶液的配制：按附录 5-1 所列量取(或用塑料管虹吸)饱和氢氧化钠上层清液，用无二氧化碳水稀释至 1 000 mL，混匀。贮存在带有碱石灰干燥管的密闭聚乙烯瓶中，防止吸入空气中的二氧化碳。

(2) 标定：称取已于 105~110 ℃烘至质量恒定的邻苯二甲酸氢钾(精确至 0.000 1 g)，溶于 100 mL 无二氧化碳的水中，加入 2~3 滴酚酞指示液(10 g·L$^{-1}$)，用氢氧化钠溶液滴至溶液呈粉红色为终点(附录 5-2)。

附录 5-2　标定所需邻苯二甲酸氢钾质量

| 氢氧化钠标准溶液浓度(mol·L$^{-1}$) | 0.05 | 0.1 | 0.2 | 0.5 | 1.0 |
|---|---|---|---|---|---|
| 邻苯二甲酸氢钾质量(g) | 0.47±0.005 | 0.95±0.05 | 1.9±0.05 | 4.75±0.05 | 9.00±0.05 |

(3) 计算：

$$c(\text{NaOH}) = \frac{m}{0.204\ 2 \times V}$$

式中　$c(\text{NaOH})$——氢氧化钠标准溶液的物质的量浓度(mol·L$^{-1}$)；

　　　$m$——称取邻苯二甲酸氢钾的质量(g)；

　　　$V$——滴定用去氢氧化钠溶液体积(mL)；

　　　0.204 2——与 1.00 mL 氢氧化钠标准溶液 $c(\text{NaOH})$ = 1.000 mol·L$^{-1}$ 相当的以克表示的邻苯二甲酸氢钾的质量。

(4) 稳定性：氢氧化钠标准溶液推荐使用聚乙烯容器贮存，若使用玻璃容器，当怀疑溶液与玻璃容器发生反应或溶液出现不溶物时，必须时常标定溶液。

2. 盐酸标准溶液

(1) 盐酸标准溶液的配制：各浓度盐酸标准溶液的配制按附录 5-3 所列，量取盐酸转移入 1 000 mL 容量瓶中，用水稀释至刻度，混匀，贮存于密闭玻璃瓶内。

(2) 标定：准确称取已于 270~300 ℃灼烧至质量恒定的基准无水碳酸钠(精确至

附录 5-3　量取盐酸体积

| 盐酸标准溶液浓度(mol·L$^{-1}$) | 0.05 | 0.1 | 0.2 | 0.5 | 1.0 |
|---|---|---|---|---|---|
| 配制 1 L 盐酸溶液所需盐酸体积(mL) | 4.2 | 8.3 | 16.6 | 41.5 | 83.0 |

0.000 1 g),加 50 mL 水溶解,再加 2 滴甲基红指示液,用配制好的盐酸溶液滴至红色刚出现,小心煮沸溶液至红色褪去,冷却至室温,继续滴定、煮沸、冷却,直至刚出现的微红色再加热时不褪色为止(附录 5-4)。

附录 5-4　标定所需无水碳酸钠质量

| 盐酸标准溶液浓度(mol·L$^{-1}$) | 0.05 | 0.1 | 0.2 | 0.5 | 1.0 |
| --- | --- | --- | --- | --- | --- |
| 无水碳酸钠质量(g) | 0.11±0.001 | 0.22±0.01 | 0.44±0.01 | 1.10±0.01 | 2.20±0.01 |

(3) 计算:

$$c(\text{HCl}) = \frac{m}{0.052\ 99 \times V}$$

式中　$c(\text{HCl})$——盐酸标准溶液的物质的量浓度(mol·L$^{-1}$);
　　　$m$——称取无水碳酸钠的质量(g);
　　　$V$——滴定用去盐酸溶液实际体积(mL);
　　　0.052 99——与 1.00 mL 盐酸标准溶液[$c(\text{HCl})=1.000$ mol·L$^{-1}$]相当的以克表示的无水碳酸钠的质量。

(4) 稳定性:盐酸标准溶液每月须重新标定一次。

3. 硫酸标准溶液

(1) 各浓度硫酸标准溶液的配制:按附录 5-5 所列,量取硫酸慢慢注入 400 mL 水中,混匀。冷却后转移入 1 000 mL 量瓶中,用水稀释至刻度,混匀,贮存于密闭的玻璃容器内。

附录 5-5　量取硫酸体积

| 硫酸标准溶液浓度(mol·L$^{-1}$) | 0.05 | 0.1 | 0.2 | 0.5 | 1.0 |
| --- | --- | --- | --- | --- | --- |
| 配制 1L 硫酸溶液所需硫酸体积(mL) | 1.5 | 3.0 | 6.0 | 15.0 | 30.0 |

(2) 标定:按附录 5-6 所列,准确称量已于 270～300℃灼烧至质量恒定的基准无水碳酸钠(精确至 0.000 1 g),加 50 mL 水溶解,再加 2 滴甲基红指示液,用配制好的盐酸溶液滴至红色刚出现,小心煮沸溶液至红色褪去,冷却至室温,继续滴定、煮沸、冷却,直至刚出现的微红色再加热时不褪色为止。

附录 5-6　标定所需无水碳酸钠质量

| 硫酸标准溶液浓度(mol·L$^{-1}$) | 0.05 | 0.1 | 0.2 | 0.5 | 1.0 |
| --- | --- | --- | --- | --- | --- |
| 无水碳酸钠质量(g) | 0.11±0.001 | 0.22±0.01 | 0.44±0.01 | 1.10±0.01 | 2.20±0.01 |

(3) 计算:硫酸标准溶液浓度按下式计算:

$$c(\text{H}_2\text{SO}_4) = \frac{m}{0.105\ 99 \times V}$$

式中　$c(\text{H}_2\text{SO}_4)$——硫酸标准溶液的物质的量浓度(mol·L$^{-1}$);
　　　$m$——称取无水碳酸钠的质量(g);
　　　$V$——滴定用去硫酸溶液实际体积(mL);

0.105 99——与 1.00 mL 硫酸标准溶液[$c(H_2SO_4) = 1.000\ mol \cdot L^{-1}$]相当的以克表示的无水碳酸钠的质量。

(4) 稳定性：硫酸标准溶液每月须重新标定一次。

## 附录 6　筛孔和筛号对照

| 筛号 | 筛孔直径(mm) | 网目(in) | 筛号 | 筛孔直径(mm) | 网目(in) | 筛号 | 筛孔直径(mm) | 网目(in) |
| --- | --- | --- | --- | --- | --- | --- | --- | --- |
| 2.5 | 8.00 | 2.6 | 18 | 1.00 | 17.2 | 30 | 0.59 | 27.5 |
| 5 | 4.00 | 5.0 | 20 | 0.84 | 20.2 | 35 | 0.50 | 32.3 |
| 10 | 2.00 | 9.2 | 25 | 0.71 | 23.6 | 40 | 0.42 | 37.9 |
| 50 | 0.30 | 52.4 | 100 | 0.149 | 101 | 270 | 0.053 | 270 |
| 60 | 0.25 | 61.7 | 120 | 0.125 | 120 | 300 | 0.050 | |
| 70 | 0.21 | 72.5 | 140 | 0.105 | 143 | 325 | 0.044 | 323 |
| 80 | 0.177 | 85.5 | 200 | 0.074 | 200 | | | |

注：①筛孔直径以方孔计算；②筛号是每英寸(25.40 mm)长度内的筛孔(网目)数。如 60 号筛每英寸长度内有 61.7 孔(目)，筛孔直径 0.25 mm；③筛孔直径与筛号可按下式粗略换算：筛孔直径(mm) = 16/筛号，式中，16 为每英寸(25.4 mm)内筛孔所占 mm 约数(筛线约占 9.4 mm)；当筛号＞50，16 可更换为 15，筛号＜40，16 换为 17。

## 附录 7　几种洗涤液的配制

| 洗液名称 | 洗涤物 | 配　制　法 |
| --- | --- | --- |
| 铬酸洗液 | 有机污垢、移液管等难清洗器皿 | 1. 称取工业用重铬酸钾 80 g 溶于 30 mL 热水，冷后缓慢加入 1 000 mL 工业用浓硫酸；<br>2. 称取工业用重铬酸钾 50 g 溶于 100 mL 热水，冷后缓慢加入 900 mL 工业用浓硫酸，冷却后贮存于磨口玻璃瓶内 |
| 碱性乙醇洗液 | 玛瑙器皿、油脂 | 工业乙醇与等体积30%的氢氧化钠(钾)溶液中 |
| 5% 草酸洗液 | 盛高锰酸钾容器 | 称取草酸 5 g 溶于 1 L 10%硫酸溶液中 |
| 硝酸洗液 | 洗涤二氧化碳测定仪及微量滴管 | 1 份浓硝酸与 3 份水混合；<br>1:9 硝酸溶液适宜与原子吸收光谱分析 |
| 5% ~ 10% EDTA 液 | 玻璃壁上白色沉淀 | 乙二胺四乙酸二钠盐 50 ~ 100 g 溶于 1 000 mL 水中，加热煮沸后用 |

## 附录 8　实验室临时应急措施

| 种类 | 应　急　措　施 |
| --- | --- |
| 创伤(碎玻璃) | 不能水洗，将碎玻璃用消毒镊子取出，用纱布等压住伤口止血并立即送医务室 |
| 烫伤或灼伤 | 切勿用水洗，轻伤用无水乙醇棉盖敷；中度以浓高锰酸钾液搽抹后涂上凡士林 |
| 强酸腐蚀 | 大量水冲洗后，饱和 $Na_2CO_3$ 或稀 $NH_3 \cdot H_2O$、肥皂水冲洗，再用水冲洗后涂甘油 |

(续)

| 种类 | | 应急措施 |
|---|---|---|
| 强碱腐蚀 | | 大量水冲洗后，2%醋酸液或饱和硼酸液冲洗 |
| 氢氟酸腐蚀 | | 大量水冲洗后，$Na_2CO_3$冲洗，以甘油氧化镁涂在纱布上包扎 |
| 中毒 | 误吞毒物 | 服催吐剂，如：肥皂水、活性炭水浊液、生鸡蛋、牛奶或植物油等，之后送医务室治疗。催吐在服毒后4 h内有效，对昏迷者及吞腐蚀品、汽油等有机溶剂时禁用或慎用 |
| | 磷 | 不能喝牛奶，以1%的硫酸铜5~10 mL混入温水中喝下使其呕吐 |
| | 酸中毒 | 喝水、苏打水($NaHCO_3$)，服氧化镁引起呕吐 |
| | 生物碱 | 喝活性炭水浊液引起呕吐 |
| | CO、煤气等毒气 | 身体保暖移到空气新鲜流通地，安静休息或输氧，重症者即送医务室 |
| | $NH_3$ | 饮含有醋或柠檬汁的水，或植物油等引发呕吐 |
| | 氰化物 | 饮含氯化钙的稀液引发呕吐 |
| 药品失火 | | 切断电源，以沙或浸湿的衣服扑灭 |
| 触电 | | 先切断电源，或用木棒等绝缘物挑开电线，若休克即采取人工呼吸并送医务室 |

# 附录9 药品的存放与特殊试剂的保存

(1)常见试剂的保存方法

| 保存方法 | | 原因 | 物质 | 保存方法 | 原因 | 物质 |
|---|---|---|---|---|---|---|
| 广口瓶或细口瓶 | | 便于取用 | 广口装固体，细口装液体 | 塑料瓶 | $SiO_2$与HF反应 | $NH_4F$、HF |
| 瓶塞 | 用橡皮塞 | 防腐蚀 | 不能放$HNO_3$、液溴 | 棕色瓶 | 见光分解 | $HNO_3$、氯水 |
| | 用玻璃塞 | 防粘 | 不能放NaOH、$Na_2CO_3$、$Na_2S$ | | 防挥发 | HCl、$HNO_3$、$NH_3 \cdot H_2O$ |
| 液封 | 水封 | 防氧化、挥发 | $P_4$、液溴 | 密封 | 防氧化 | $Na_2SO_3$、$H_2S$、$Fe^{2+}$ |
| | 煤油封 | 防氧化 | Na、K | | 防吸水及$CO_2$ | 漂白粉、碱石灰 |
| | 石蜡油封 | 防氧化 | Li | | 防吸水 | $CaC_2$、$CaCl_2$、$P_2O_5$、浓$H_2SO_4$ |

(2)常见特殊试剂的保存

| 特殊性质 | 试剂 | 保存方法 |
|---|---|---|
| 空气中易被氧化 | 亚铁盐、活泼金属单质、白磷、氢硫酸、苯酚、$Na_2SO_3$等 | 隔绝空气或密封 |
| 易吸收$CO_2$ | CaO、NaOH、$Ca(OH)_2$、$Na_2O_2$等 | |
| 易吸湿 | $P_2O_5$、$CaC_2$、CaO、NaOH、无水$CaCl_2$、浓$H_2SO_4$、无水$CuSO_4$、$FeCl_3 \cdot 6H_2O$ | |
| 易风化 | $Na_2CO_3 \cdot 10H_2O$、$Na_2SO_4 \cdot 10H_2O$等 | |
| 见光或受热易分解 | 氨水、双氧水、$AgNO_3$、$HNO_3$等 | 棕色瓶盛放且置于冷、暗处 |
| 易挥发或升华 | 浓氨水、浓盐酸、浓硝酸、液溴、乙酸乙酯、二硫化碳、四氯化碳、汽油、碘、萘等 | 置于冷、暗处密封保存 |

（续）

| 特殊性质 | 试剂 | 保存方法 |
|---|---|---|
| 遇火易燃危险品 | 汽油、苯、乙醇、酯类物质等有机溶剂和红磷、硫、镁、硝酸纤维等；白磷能自燃 | 分类存放并远离火源 |
| 与可燃物接触危险 | 高锰酸钾、氯酸钾、硝酸钾、过氧化钠等 | |
| 易爆 | 有硝酸纤维、硝酸铵等 | |
| 剧毒 | 氰化物、汞盐、黄磷、氯化钡、硝基苯等 | |
| 强腐蚀性 | 强酸、强碱、液溴、甲醇、苯酚、氢氟酸、醋酸等 | |
| 不宜长久放置 | 硫酸亚铁溶液、氯水、氢硫酸、银氨溶液等 | 随用随配 |